자연이 숨쉬는 과학
체험 숲의 현장

- 동물자료편
- 곤충자료편
- 식물자료편

(유)한국영상문화사

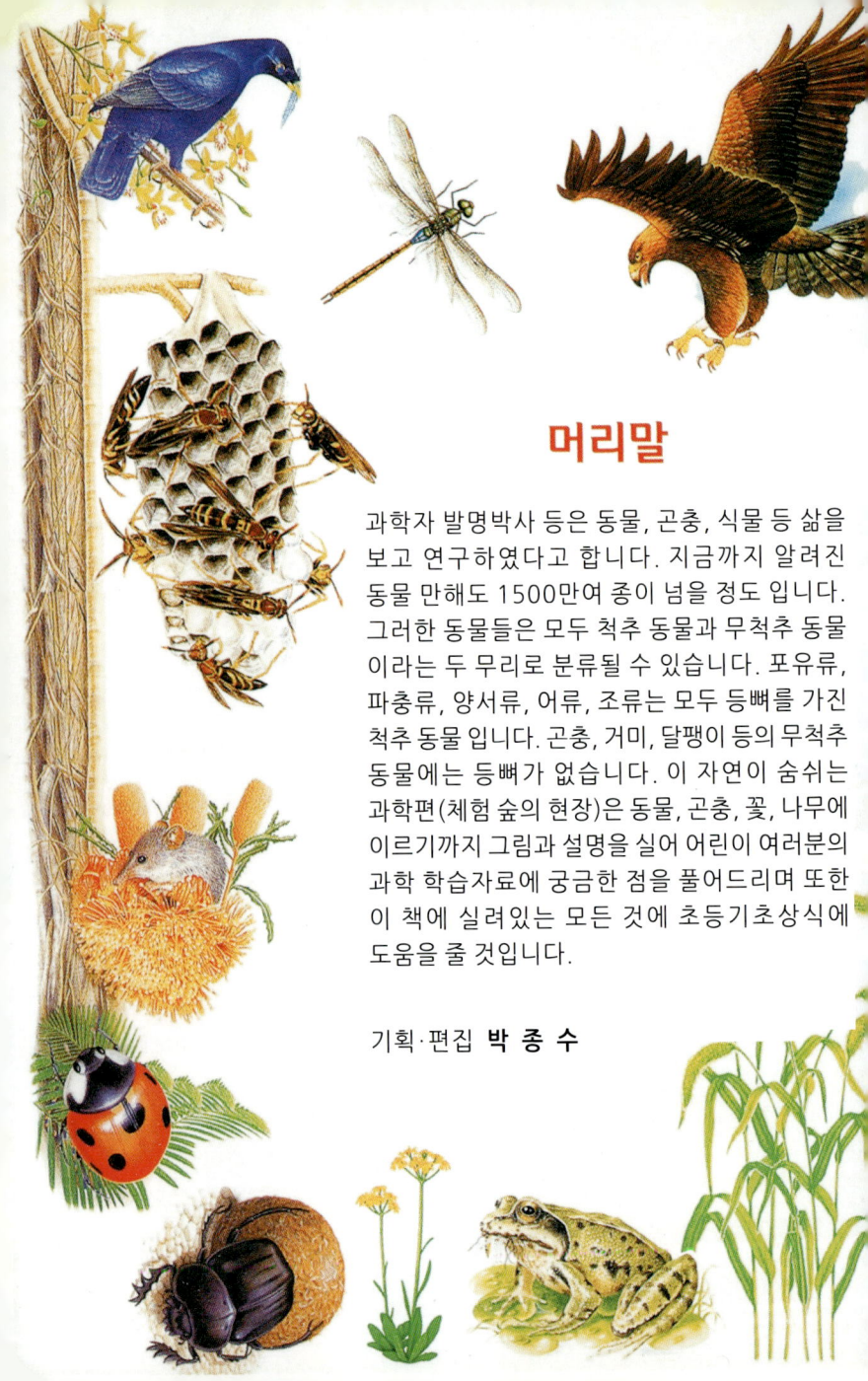

머리말

과학자 발명박사 등은 동물, 곤충, 식물 등 삶을 보고 연구하였다고 합니다. 지금까지 알려진 동물 만해도 1500만여 종이 넘을 정도 입니다. 그러한 동물들은 모두 척추 동물과 무척추 동물이라는 두 무리로 분류될 수 있습니다. 포유류, 파충류, 양서류, 어류, 조류는 모두 등뼈를 가진 척추 동물 입니다. 곤충, 거미, 달팽이 등의 무척추 동물에는 등뼈가 없습니다. 이 자연이 숨쉬는 과학편(체험 숲의 현장)은 동물, 곤충, 꽃, 나무에 이르기까지 그림과 설명을 실어 어린이 여러분의 과학 학습자료에 궁금한 점을 풀어드리며 또한 이 책에 실려있는 모든 것에 초등기초상식에 도움을 줄 것입니다.

기획·편집 **박 종 수**

차례

동물자료 5

- 포유류
- 양서류
- 조류

식물자료 103

- 나무
- 꽃
- 풀

곤충자료 25

- 무척추 동물
- 절지 동물

- 과학학습자료 244
- 식물 용어 풀이 ... 250
- 양서류, 포유류, 조류 찾아보기 ... 252
- 식물 찾아보기 ... 254

동물자료

- 포유류
- 양서류
- 조류

포유류 토끼, 다람쥐

● 전 세계 어디에서나 포유류를 찾아 볼 수 있으며, 인간은 무려 4,000여 종의 포유류 가운데 하나이다. 공통점은 뜨거운 피가 흐르고 숨을 쉴 수 있는 허파가 있다.

먹이를 저장하는 장면

날씨가 가장 추운 겨울에는 둥지에서 잠을 잔다.

다람쥐 몸 길이 12~15cm, 나무를 잘 타며 겨울에는 나무 구멍에서 반 수면 상태에 겨울잠을 잔다.

다람쥐와 청솔모의 먹이

과실   나뭇잎   나무 껍질
새알   도토리   밤   잣

청설모 몸길이 20~25cm, 주로 도토리나 과일을 먹으며 먹이를 땅 속에 저장도 한다.

산토끼의 비밀

산토끼의 털은 여름에는 갈색, 겨울에는 흰색으로 변하는데, 이것은 일조 시간과 관련이 있다.

여름털 / 털갈이 / 겨울털

산토끼 몸 길이 42~49cm, 낮에는 풀 숲이나 굴에서 자고, 밤에 풀이나 나무의 새싹을 먹는다.

두더지 굴

봄에 새끼가 태어난다. 풀, 나뭇잎 등을 넣어 둔다.
복잡하게 만들어 놓은 굴
먹이를 저장하는 곳

쥐의 비밀

앞니가 계속 자란다.
폭이 아주 좁은 길도 잘 건넌다.
수영으로 주위의 상황을 살핀다.
사람이 들을 수 없는 소리를 낸다.

두더지
몸 길이 13~16cm, 땅에 터널을 파고 생활한다. 지렁이, 개구리 등을 먹는다.

시궁쥐
잡식성으로 세계 각국 어느곳에든 산다.

양서류 개구리, 두꺼비

● **양서류란?** 최초로 땅에서 살기 시작한 척추 동물이다. 주위 온도에 따라 몸의 온도가 변한다. 스스로 체온을 조절할 수 없기 때문에 햇볕을 쬐어 열을 얻는다. 살갗에는 수분이 날아가는 것을 막지 못해 늘 살갗을 촉촉하게 해 주어야 한다.

개구리 크기 5-12cm. 물기가 있는 곳이면 어디든 살 수 있고, 보이는 것은 거의 모두 먹이가 된다.

사탕수수두꺼비 크기 20-23cm. 사탕수수농장에서 풍뎅이를 먹고 산다.

왕두꺼비 크기 10-24cm. 세계에서 가장 큰 두꺼비의 하나로 작물에 해를 끼치는 벌레를 잡아먹는 이로운 동물이다.

먹이를 잡을 때 눈

천남성개구리 크기 최대 6cm. 발가락에 크고 끈끈한 빨판이 있어 기어 오르기를 잘한다. 햇빛에서는 연한 갈색이라 칼라 개구리라 한다.

독화살개구리 크기가 5cm이며, 독성이 다른 개구리보다 20배나 강하다. 만지기만 해도 사람이 죽을 수 있다. 독을 화살촉에 묻혀 사냥을 했다.

♣ 암컷 개구리는 나뭇잎에 알을 낳는다

♣ 알에서 깨어난 올챙이가 어미 등에 오른다

♣ 암컷은 올챙이를 물 있는 곳으로 옮긴다

뱀

구렁이 몸 길이 1.5~1.8m, 몸이 굵고 동작이 느리다. 쥐나 작은 새알을 먹는다.

무자치 몸 길이 60~90cm, 풀밭이나 밭에 서식한다. 들쥐 등을 먹는다.

유혈목이 몸 길이 50~120cm, 논 등의 물가에 산다. 개구리를 좋아한다.

방울뱀 몸 길이 45~80cm, 꼬리를 흔들어 소리를 내어 적을 물리친다.

뱀의 비밀

눈꺼풀이 없다.

낭떠러지도 올라갈 수 있다.

헤엄을 잘 친다.

혀로 냄새를 느낀다.

허물을 벗고 크게 자란다.

겨울잠을 잔다.

조류

●엽조류
땅에서 사는 새, 타조, 에뮤

●섭금류
물 근처에 사는 새, 물새, 도요새

새는 강하면서도 가벼운 몸과 두 다리, 그리고 한 쌍의 날개를 가지고 있다. 날개는 앞다리가 변해서 된 것이다. 깃 털을 가진 동물은 새 밖에 없으며 깃 털은 각질로 이루어져 있다. 두 다리와 보통 두 쌍의 날개가 있다.

●맹금류
동물을 잡아먹는 새, 수리, 올빼미

●명금류
울음소리를 내는 새, 굴뚝새, 꾀꼬리

●풍조류
아름다운 깃털을 가진 새, 극락조, 꼬리깃

새부리의 종류

꿩

꿩 몸 길이 수컷 80-90cm, 암컷 55-65cm. 수컷은 털이 화려하고 꼬리가 길며 암컷은 눈에 잘 띄지 않는 갈색이다. 꿩의 원산지는 아시아이지만 현재는 여러 나라에 퍼져 있다. 야생꿩은 씨앗, 새순, 딸기류의 열매를 먹고 산다. (텃새)

우리나라의 흔한 텃새(장끼)

꿩의 먹이

콩
어린 새싹
나무 열매
벌레
곤충

일본산꿩 몸 길이 수컷 125cm, 암컷 50cm. 숲에서 산다. 꿩보다 꼬리가 길다.

들꿩 몸 길이 36cm. 우거진 삼림에서 무리지어 생활하고 나무순이나 열매를 먹는다. (텃새)

꿩의 특징

♣ 잘 걷는다.   ♣ 멀리 날지 못한다.

초원들꿩 몸 길이 42-46cm. 나뭇잎, 열매, 곡식을 주로 먹으며, 여름에는 메뚜기를 즐겨 먹는다. 번식기가 되면 수컷은 목의 주황색 주머니를 크게 부풀린다.
(외국종자)

들닭 몸 길이 수컷 63-75cm, 암컷 40-45cm. 집에서 기르는 닭의 조상. 수컷은 몸의 모습이 화려하다.
(외국종자)

독수리, 매

검독수리 몸 길이 81cm, 먹이를 발견하여 습격 할때는 날개를 반쯤 접고 전속력으로 미끄러지듯이 날아 낚아챈다.

독수리의 먹이

검독수리는 유럽, 북아메리카, 아시아에 살고 있지만, 어느 곳이나 그 수가 줄어들고 있다. 수리류는 모두 천연 기념물 243호로 지정되어 있다.

여러가지 사냥법

♣ 눈이 대단히 좋아서 멀리서도 사냥감을 발견 할 수 있다.

♣ 예리한 발톱으로 사냥감을 꼭 잡는다.

♣ 끝이 구부러진 부리는 먹이를 찢는 데 이용된다.

털발말똥가리 몸길이 50-60cm, 박쥐나, 나그네 쥐를 잡아먹고 나무위나 벼랑의 바위에 둥지를 짓는다.

♣ 물고기를 잡는 흰꼬리 독수리 미국국조이다.

참매 [천연기념물 제323호] 몸길이 48-61cm, 숲속에 살며 나무 위에 둥지를 틀고, 5-6월에 2-4개의 옅은 청색알을 낳는다.(텃새)

왕새매 몸 길이 47cm, 낮은 산에서 홀로 또는 암수가 함께 생활하며 이동할 때는 큰무리를 이룬다. (텃새)

황조롱이 [천연 기념물 제323호] 몸길이 33cm, 날개를 움직여 공중에 정지하면서 사냥감을 찾는다. 새, 쥐 등을 발견하면 수직으로 덮쳐 발톱으로 붙잡는다. (텃새)

올빼미, 부엉이, 소쩍새

● **맹금류는** 모두 동물을 잡아먹고 산다. 공중에서 먹이를 찾아내어 날카로운 발톱으로 낚아채서는 갈고리 모양의 부리로 갈가리 찢어 먹는다. 수리, 매, 말똥가리 등이 모두 맹금류에 속한다. 발가락이 앞으로 2개 뒤로 2개가 특징이다.

영리한 늙은 올빼미

올빼미 몸 길이 38cm, 밤에 활동하며 낮에는 나무에 있다.

흰올빼미 몸 길이 52-65cm, 생쥐, 산토끼를 먹고 살며 암컷이 수컷보다 크다.

올빼미의 먹이

쥐, 작은 새, 벌레, 두더지, 뱀

- 전국에 있는 올빼미, 부엉이류 (올빼미, 수리부엉이, 솔부엉이, 칡부엉이, 쇠부엉이, 소쩍새, 큰소쩍새)는 (천연 기념물 324호로 지정되어 있다.

칡부엉이 몸 길이 35cm, 들쥐를 즐겨 먹는다.

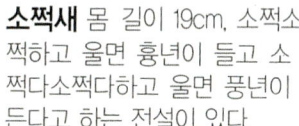

솔부엉이 [천연기념물 제 324-3호] 몸 길이 25cm, 소나무 숲에서 많이 살며 후후, 후후하고 소리를 내고 밤마다 운다.

소쩍새 몸 길이 19cm, 소쩍소쩍하고 울면 흉년이 들고 소쩍다소쩍다하고 울면 풍년이 든다고 하는 전설이 있다.

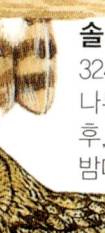

수리부엉이 몸 길이 67cm, 올빼미과에 속하는 가장 큰 종이며, 우리나라에서는 드문 텃새, 암벽이나 바위 산에 살며 야행성이다.

물총새, 흰물떼새, 호반새

노랑할미새 몸길이 20㎝
인가 근처에 살며 해충을
잡아먹는 이로운 새이다.
(봄철새)

붉은(홍)호반새 몸길이 27.5㎝
우리 나라에는 여름에 오는
철새로, 비르르비르르 소리를
내며 운다.

물까마귀 몸길이 22㎝
물 속에 잠수하여
벌레를 잡아먹는다.
(봄철새)

물총새 몸길이 17㎝
털 빛깔이 대단히
아름답다. (봄철새)

물고기를 잡은 물총새의 모습

흰목물떼새 몸길이 20.5㎝
하천의 모래밭에 둥지를
만든다.

물떼새의 비밀

♣ 어버이새는 적이 가까이 오면 아픈 척하여 새끼를 지킨다.

♣ 물떼새의 알은 작은 조약돌과 비슷하다.

뿔호반새 계곡이나 냇가의 나뭇가지에 앉았다가 물 속의 고기를 잽싸게 채서 먹는다. (외국종자)

검은등할미새 몸길이 21㎝
강이나 호숫가에서
암수가 함께 생활한다.
(봄철새)

깝작도요 몸길이 20㎝
곤충을 즐겨
먹는다.

물떼새 몸길이 16㎝
가나 호수에서 살며
철에는 암수가 함께
데 그 밖의 시기에는
떼를 지어 산다.
새)

흰물떼새 몸길이 17.5㎝
해안의 모래밭에서
생활한다.

● 강어귀의 청소 업자는 솔개와 까마귀이다. 죽은 물고기 등을 먹어서 강어귀를 깨끗하게 해 준다.

백할미새 몸길이 21㎝
암수가 함께 생활하며
풀밭이나 길가에서
곤충, 지렁이, 풀씨
등을 먹는다. (봄철새)

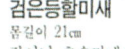

꾀꼬리, 종다리, 팔색조

꾀꼬리 몸 길이 25cm. 사람들의 접근을 두려워하여 항상 나무의 높은 곳에 숨어 있다. (특징 - 아름다운 소리를 낸다)

꼬까울새 몸 길이 15cm. 둥지에 침입자가 오면 수컷은 달콤하고도 슬픈 노래를 부른다. 매나 고양이가 다가오면 틱틱틱하고 날카로운 소리를 낸다. 영국, 유럽에 서식함.

꾀꼬리의 울음소리

♣ 꾀꼬리는 울음 소리가 우가아우가아 하고 고양이 울음 소리와 비슷한 소리를 낸다.

팔색조 [천연 기념물 제204호] 몸 길이 17-19cm. 땅위에 걸어다니면서 먹이를 찾고, 지렁이를 즐겨 먹는다.

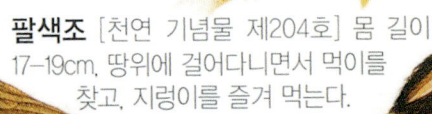

찌르레기 몸 길이 21cm. 사람이 사는 주위에서 살며, 해충을 잡아 먹는 유익한 새로 특히 흰불나방의 천적이다.
(봄철새)

종다리 몸 길이 17cm. 우리나라 전역에 번식하는 텃새다. 들이나 산에서 살며, 풀씨, 벌레, 거미를 먹는다.

노란가슴긴발톱밭종다리 몸 길이 20cm. 농경지에서 종종 볼 수 있으며 풀밭에서 곤충을 잡아먹는다. (봄철새)

후투티 몸 길이 28cm. 머리 볏을 자유롭게 움직이며 울때 뽀뽀뽀뽀뽀뽀하며 운다. (봄철새)

파랑새 몸 길이 28cm. 우리나라에서 드물게 번식하는 여름철새다 날 때는 날개의 흰색 무늬가 매우 선명하다.

노랑턱멧새 몸 길이 16cm, 깊은 산 숲속에 서식하고 번식을 한다.

물레새 몸 길이 17cm, 높은 나무에 집을 짓고 살며, 울 때는 꽁지를 좌우로 흔드는데 울음 소리가 물레질하는 소리와 비슷하다. (봄철새)

뻐꾸기, 딱다구리, 두견이

뻐꾸기 몸 길이 35cm, 숲이나 논밭 주변에서 단독으로 생활하며, 곤충이나 나무 열매를 먹는다. (봄철새)

매사촌 몸 길이 32cm, 나무 꼭대기에서 홀로 생활하며, 쥐, 애벌레를 잡아먹고산다. (철새)

벙어리 뻐꾸기 몸 길이 32cm, 매우 희귀한 여름철새로 대나무 통을 치는 것 같은 소리로 울어 벙어리 뻐꾸기라고 한다. (봄철새)

두견이 몸 길이 27.5cm, 산중턱이나, 우거진 숲속에 숨어서 생활한다. (봄철새)

보라꿀새 몸 길이 10cm, 떼지어 날아다니며 과일이나 곤충을 잡아먹는다. (봄철새)

※ 보라꽃새를 제외한 나머지 4종류는 발가락이 앞으로 2개 뒷쪽으로 2개로 되어 있다.

오색딱다구리 몸 길이 23.5cm. 홀로 또는 암수가 함께 살며, 나무 속의 곤충을 잡아먹는다. (텃새 사진은 수컷)

새끼에게 먹이를 물어다 주는 어미 청딱다구리 (텃새)

왜 딱다구리는 나무를 찍나?

- 먹이를 찾을 때 찍는다. 이 때에는 콕콕콕 하는 소리를 내며 찍는다.
- 우는 소리 대신에 나무를 찍는다. 이 때에는 타타타타 하고 찍는다.

※텃새 사진은 숫컷

크낙새 [천연 기념물 제197호] 우리나라에만 남아 있는 희귀한 새이다. 잣나무, 소나무, 참나무, 밤나무가 우거진 어두운 숲의 나무 구멍에 산다.

청딱다구리 몸 길이 30cm. 산에서 살며, 나무를 쪼아 속에 있는 벌레나 메뚜기등을 먹고 살며, 뽀뽀뽀하고 운다. (텃새)

쑥새, 개똥지빠귀

쑥새 몸 길이 15cm. 밝은 숲이나 들에 떼지어 온다. 울 때 미리 깃털이 선다.

개똥지빠귀 몸 길이 24cm. 낮은 산이나 풀밭 등에 살며 곤충이나 종자를 먹는다. 이 새는 아주 크고 활기차게 노래를 한다. (봄철새)

긴꼬리홍양진이 몸 길이 15cm. 수풀 속에서 나무의 열매나 종자등을 먹는다. (겨울철새)

검은머리딱새 몸 길이 16.5~19cm. 파랑지빠귀라고도 하며, 주로 곤충과 딸기류의 열매를 먹고 산다. 수컷은 짝을 찾기위해 곡예 비행을 펼친다. (봄철새)

새는 왜 이동을 하는가?

♣ 추운 겨울엔 먹이를 구하기 어려우므로 따뜻한 남쪽 나라로 건너가는 것이다.

개똥지빠귀의 곤충을 잡은 모습

곤충자료

곤충은 머리, 가슴, 배의 세부분으로 구분되어 있다. 머리에는 두눈, 주위를 살피는데 필요한 한 쌍의 더듬이 그리고 입이 있다. 가슴에는 세 쌍의 다리와 보통 두 쌍의 날개가 있다.

네발나비

대왕팔랑나비

소금쟁이

곤충이 사는 곳

● 곤충들은 제각기 사는 곳이 다르다. 사슴벌레는 상수리나무 등의 나뭇진에 모이며, 하늘소는 나무나 꽃에, 딱정벌레는 주로 죽은 나무 등에 살고, 잠자리는 물풀이 많은 골짜기나 냇가 주변에, 나비, 벌 등은 꽃의 꿀을 먹기 위해 평지의 나무나 풀 등에서 많이 볼 수 있다.

무당벌레

나비

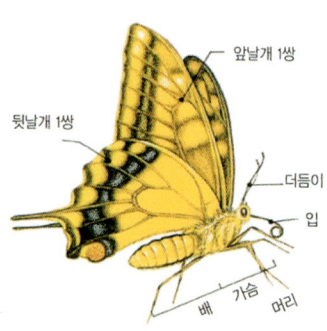

호랑나비 날개 길이 5~28cm, 무늬가 산뜻하며 어른벌레는 꽃에서 꿀을 먹는다.

집단으로 물을 마신다
호랑나비 무리는 지면의 물을 잘 먹는다. 이것은 물과 함께 흙 속에 있는 무기 염류를 섭취하기 위해서이다.

산호랑나비의 몸 구조

겹눈
수많은 작은 눈으로 이루어져 있다.

보통 때는 말고 있는 입
빨대처럼 긴 입은 꿀을 먹을 때만 뻗는다.

더듬이
멀리 있는 꽃의 냄새를 맡는다.

물에 젖지 않는 날개
나비의 날개에는 비늘가루가 붙어 있어서 비에 젖지 않는다.

날개
날 때는 앞과 뒤의 날개가 함께 움직인다.

나비 길

산호랑나비 무리는 항상 정해진 길만 따라 날아다니는 특이한 습성이 있다. 이것을 나비 길이라고 한다.

호랑나비가 되기까지

알

애벌레
알에서 나와 바로 껍질을 먹어치운다. 알 껍질엔 애벌레에게 필요한 영양분이 충분히 들어 있다.

● 둥근 알에서 1주일 정도 지나면 애벌레가 나온다. 그 후 25일간 애벌레로 성장하다가 5차례의 허물을 벗은 뒤 번데기로 변한다. 약 15일이 지난 뒤 어른벌레가 되어 날개를 단 호랑나비가 된다.

자라면서 녹색으로 되는 애벌레

새똥처럼 보이는 애벌레

번데기
번데기로 활동한다.

어른벌레
이제 막 나비의 모습으로 탈바꿈을 하고 쉬고 있다.

호랑나비과

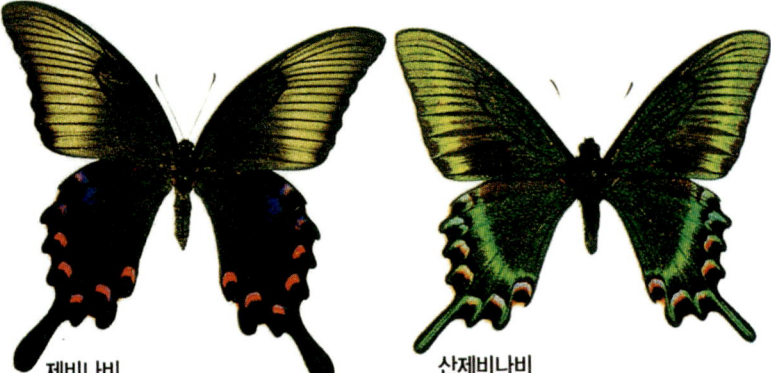

제비나비
4~8월 평지나 산지 어디서나 볼 수 있으며 활발하게 날아다닌다.

산제비나비
5~8월 우리 나라에 사는 제비나비 중 가장 화려하고 아름다운 나비이다.

애호랑나비
4월 중순~5월초 숲이나 풀밭에서 살며 낙엽 밑에서 번데기로 월동한다.

사향제비나비
5~8월 평지나 산기슭에 살며 천천히 날아 다닌다.

청띠제비나비
5~8월 민첩하게 날아다니며 습지나 길에서 물을 마시는 모습을 흔히 볼 수 있다.

먹그늘나비 참나무류의 나뭇진이나 썩은 과일에 모인다.

뱀눈나비과

조흰뱀눈나비 숲 근처나 산꼭대기 풀밭 등에 살며 아주 천천히 낮게 날아다닌다.

부처사촌나비 양지바른 곳보다 어두컴컴한 곳을 즐기며, 흐린 날에도 눈에 띈다.

도시처녀나비 풀 위에 잘 앉는데, 앉을 때 날개와 몸을 왼쪽으로 기울이는 습성이 있다.

눈많은그늘나비 어두운 숲 속에서 천천히 날아다니며, 습지에는 모이지 않는다.

애물결나비 풀 사이를 낮게 날아다니며 여러 꽃에서 꿀을 빤다.

지리산팔랑나비 팔랑나비 중 느리게 나는 편이며 앉을 때는 날개를 뒤로 접는다.

팔랑나비과

멧팔랑나비 진달래, 민들레 등의 꽃에서 활발하게 날아다니며 꿀을 빤다.

왕자팔랑나비 숲 주변을 낮고 빠르게 날아다니며 풀잎 위에 날개를 펴고 앉는다.

흰점팔랑나비 양지바른 풀밭에서 살며 풀 위를 낮게 날아다닌다. 산딸나무에서 꿀을 빤다.

줄점팔랑나비 날개 표면에는 짙은 녹색의 짧은 털이 있고, 앉아 있을 때는 날개를 폈다 접었다 한다.

황알락팔랑나비 숲 근처나 풀밭에 즐겨 살며 매우 빠르게 날아다닌다.

배추흰나비의 하루

아침에 해가 뜨면 활동한다.

오전 중에는 힘차게 날아다닌다.

더운 오후에는 쉰다

비를 피하고 있는 배추흰나비

저녁이 되면 다시 활동한다.

밤에는 쉰다.

❖**배추흰나비**는 이른 봄부터 가을까지 많이 볼 수 있지만, 한여름에는 그 수가 급격히 줄어든다. 이것은 너무 더우면 행동이 둔해져 천적에게 잡아 먹히기 때문이다.

나비 눈의 비밀

배추흰나비는 사람의 눈에는 보이지 않는 자외선을 볼 수 있기 때문에 색깔로 암컷을 구별한다.

사람의 눈으로 본 나비

나비의 눈으로 본 나비

배추흰나비

배추흰나비과

노랑나비 4~10월 배추흰나비와 더불어 가장 흔한 종으로 배추, 무, 유채 등의 꽃에서 꿀을 빤다. 암컷은 노랑색과 흰색 두 가지이다.

멧노랑나비 4월말~9월말 양지바른 풀밭에서 살며 어른벌레로 월동한다.

풀흰나비 4~5월, 8~9월 풀밭에서 비교적 빨리 날아다닌다. 다른 나비에 비해 수가 적다.

갈고리나비 4월 중순~5월초 평지나 낮은 산 혹은 계곡에서 볼 수 있다.

각시멧노랑나비 4월초~7월 중순 8월말~9월말 멧노랑나비와 비슷하나 앞날개 끝의 돌출이 뚜렷하고 날개가 얇다.

애벌레의 모습

배추흰나비는 일 년에 여러 세대를 거치므로 어른벌레가 여러 번 나타난다. 알→애벌레→번데기→어른벌레

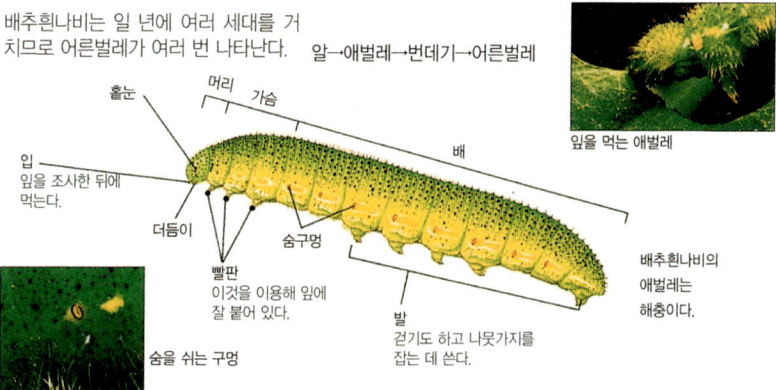

잎을 먹는 애벌레

홑눈 / 머리 / 가슴 / 배

입 - 잎을 조사한 뒤에 먹는다.

더듬이

빨판 - 이것을 이용해 잎에 잘 붙어 있다.

숨구멍

발 - 걷기도 하고 나뭇가지를 잡는 데 쓴다.

숨을 쉬는 구멍

배추흰나비의 애벌레는 해충이다.

옥색긴꼬리산누에나방 [산누에나방과] 날개 편 길이 10cm 내외

나방

● 식물이 자라는 곳이라면 어디든지 나비와 나방이 날아다닌다. 나비와 같은 무리이다. 나비의 종류는 약 15만 종이 있으며, 나방은 15만 종이 훨씬 넘는다.

나비와 나방을 구별하는 법

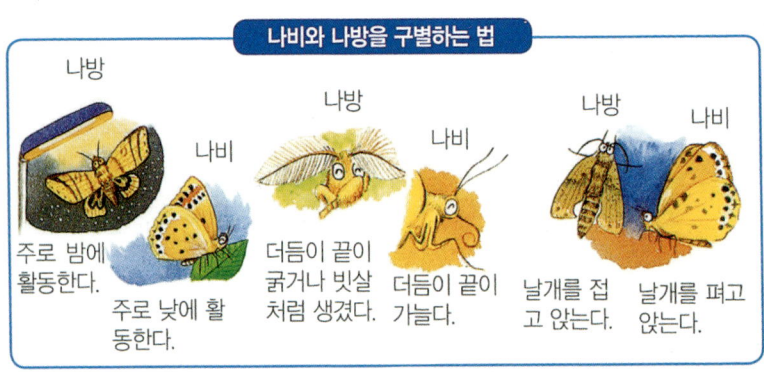

나방	나비	나방	나비	나방	나비
주로 밤에 활동한다.	주로 낮에 활동한다.	더듬이 끝이 굵거나 빗살처럼 생겼다.	더듬이 끝이 가늘다.	날개를 접고 앉는다.	날개를 펴고 앉는다.

나방의 입 길이와 찾는 꽃

나방의 종류에 따라 꿀을 빨아먹는 꽃이 정해져 있고 각각 빨아먹는 꽃과 입의 길이가 적합하게 되어 있다.

누에나방의 한살이

알

애벌레
뽕나무 잎을 먹으며 자란다.

판지로 만든 섶에서 고치를 짓는 누에

실을 내는 누에
4번째 탈바꿈을 한 뒤 입으로 실을 내어 고치를 만든다.

고치 속의 번데기

어른벌레

치에서 뽑아 낸 실로 비단 옷감을 만든다.
는 손으로 물레를 돌려 고치에서 실을 자아
오늘날에는 이러한 작업이 자동화되었다.

나방의 종류

검정황나꼬리박각시

얼룩나방 [얼룩나방과] 낮에 활동하며 꽃의 꿀을 빨아먹는다.

가중나무고치나방 [산누에나방과] 불빛에 잘 모여들며 애벌레는 가중나무, 소태나무 등의 잎을 먹고 애벌레로 월동한다.

애기얼룩나방 [얼룩나방과] 얼룩나방과 비슷하지만 앞날개에 노랑 무늬가 적고 뒷날개 가장자리에는 노랑무늬가 없다.

주홍박각시 [박각시과] 날개 가장자리가 분홍색이다.

뱀눈박각시 [박각시과] 애벌레는 버드나무류의 해충이다.

참나무산누에나방 [산누에나방과] 연한 녹색의 고치를 만든다. 애벌레는 밤나무, 상수리나무 등의 잎을 먹는다.

솔나방
[솔나방과] 애벌레는 송충이라고 부르며 소나무의 잎을 먹고 자라므로 피해가 크다.

불나방 [불나방과]
불빛에 모여들며, 애벌레는 풀쐐기라고 한다.

곱추재주나방 [재주불나방과]
참나무류가 있는 숲에서 볼 수 있다.

뒤흰띠알락나방 [알락나방과]
등산로 주변에 나뭇잎에 앉아 있는 것을 볼 수 있다.

흰줄태극나방

잠자리가지나방 [자나방과]
초여름에 나타나며, 낮에는 먹이로 삼는 나무 가까이에 날아다닌다.

오얏나무가지나방

독나방 [독나방과]
불빛에 잘 모이며, 애벌레는 벚나무류, 참나무류 등 여러 종류의 잎을 먹는다.

노랑쐐기나방 [쐐기나방과]
애벌레는 쐐기벌레로 몸에 가시털이 나 있어 살에 닿으면 심한 통증을 느낀다.

애기나방
[애기나방과] 낮에 활동하며 풀밭에 많이 있다.

화양들명나방

가로수에 볏짚을 감는 이유는?

겨울이 되기 전에 가로수에 볏짚을 감는 것은 해충을 없애기 위해서이다. 해충은 겨울을 나기 위해 애벌레나 번데기의 상태로 볏짚 안으로 모이게 된다. 이듬해 봄이 되어 어른벌레가 되기 전에 볏짚을 거두어서 불태운다.

세계의 나비

태양몰포나비
(아마존 강)

리도위나고리무늬나비(페루)

뿔제비나비
(인도)

고라이앗뒷노랑제비나비
(뉴기니)

구름무늬뱀눈나비
(스페인)

키프리스몰포나비
(콜롬비아)

세계의 나방

흰줄태극나방
(한국)

유럽주홍무늬알락나방
(유럽, 아시아)

얼룩무늬박각시
(일본)

**장대꼬리산
누에나방**
(마다카스카르 섬)

대설산불나방
(북해도)

빌고불나방
(북아메리카)

이사벨라옥색긴꼬리산누에나방
(스페인)

41

잠자리

잠자리와 사마귀는 곤충 세계에서 가장 무서운 사냥군이다. 빨리 날아다니며 공중에서 먹이를 잡거나 나뭇잎에 붙은 작은 생물을 잡아먹으며, 애벌레도 작은 생물을 잡아먹고 사는 무서운 곤충이다.

왕잠자리 크기 6-12cm, 가장 크고 빠른 잠자리이다. 사냥할 때는 다리로 먹이를 움켜쥘 자세를 취한다.

장수잠자리 크기 6-8cm, 삼림 지대의 시냇가에서 흔히 볼 수 있는 큰 잠자리이다. 애벌레는 물에 사는 곤충과 올챙이를 잡아먹는다.

■ **왕잠자리의 한살이**
(학베기→잠자리의 애벌레)

알을 낳는다(학베기)

알에서 깨어난 애벌레

학베기가 헤엄을 친다.

날개돋이가 시작됨

하늘을 나는 잠자리

왕잠자리의 몸 구조

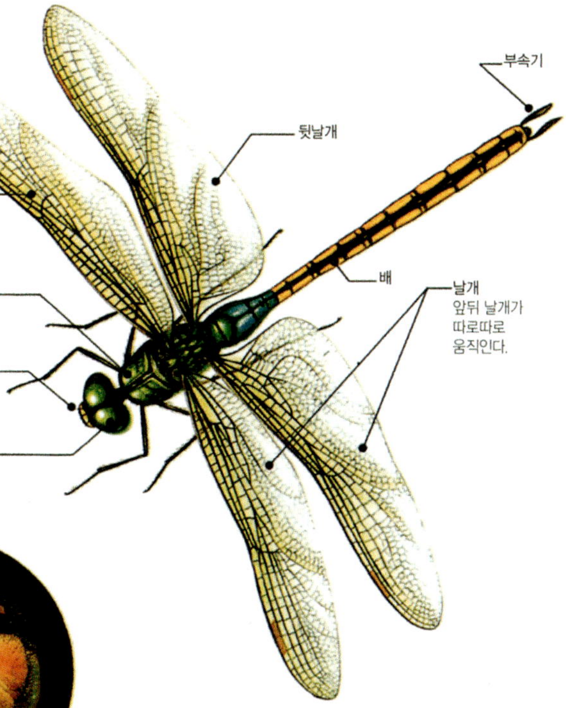

- 부속기
- 뒷날개
- 앞날개
- 가슴
- 머리
- 겹눈
- 배
- **날개** 앞뒤 날개가 따로따로 움직인다.

2만여 개의 작은 눈이 모인 겹눈
빙빙 돌려 먹이를 재빨리 발견한다.

학베기의 먹이

- 물벼룩
- 실지렁이
- 장구벌레
- 붉은장구벌레

왜 붙어서 날까요?

짝짓기를 하기 위해서 수컷과 암컷은 붙어난다. 앞이 수컷이고 뒤가 암컷이다.

잠자리의 종류

고추좀잠자리
[잠자리과]
초여름~가을
가을이 되면 몸만
빨갛게 된다.

여름좀잠자리
[잠자리과]
초여름~가을
여름에 머리부터
온몸이 빨갛게 된다.

된장잠자리
[잠자리과]
여름~가을
몸에 비해 날개가 크고
나는 힘이 강하다.

애기잠자리
[잠자리과]

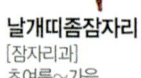

날개띠좀잠자리
[잠자리과]
초여름~가을
물가에서 산다

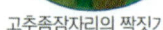

깃동잠자리
[잠자리과]
초여름~가을
여름 동안 숲 속에서 살다가
가을에 물가로 돌아온다.

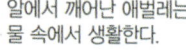

고추좀잠자리의 짝짓기

고추잠자리의 한살이

물 속에 알을 낳는다.

알에서 깨어난 애벌레는 물 속에서 생활한다.

물 밖으로 나온 애벌레는 허물을 벗고 날개돋이를 한다.

어른벌레가 되면 산으로 가서 여름을 난다.

가을이 되면 몸이 빨갛게 되어 산에서 평지로 내려온다.

실잠자리의 일생 연못이나 시내물에 살며 알부터 완전히 성숙하기까지 2년에 걸쳐 10번 이상 허물을 벗는다.

다 자란 실잠자리는 허물을 벗는다.

갓 태어난 애벌레가 갈대 줄기를 기어 오른다

암놈 실잠자리는 갈대 줄기 위에 알을 낳는다.

어린 애벌레

조금 자라면 날개가 발달한다.

실잠자리

실잠자리 크기 2.5-5cm이며, 수컷이 암컷보다 몸이 가늘고 색깔이 화려하다.

네무늬잠자리 화살처럼 빠르게 날라 영어로 다터라는 이름을 얻었다.

배치레잠자리 연못이나 늪지의 괴어 있는 물이나 천천히 흐르는 물 가까이에서 볼 수 있다.

하루살이 몸 크기 1cm, 단 하룻동안만 산다고 해서 붙여진 이름이다. 하루살이에게 하루는 짝짓기하고 알을 낳기에 충분한 시간이다.

잠자리 힘이 좋은 두 쌍의 날개로 날아다니는 곤충이다. 모기, 하루살이를 사냥할 때면 굉장한 속도로 몸을 뒤틀어 회전한다.

방금 날개돋이를 끝내고 쉬고 있는 **산잠자리**

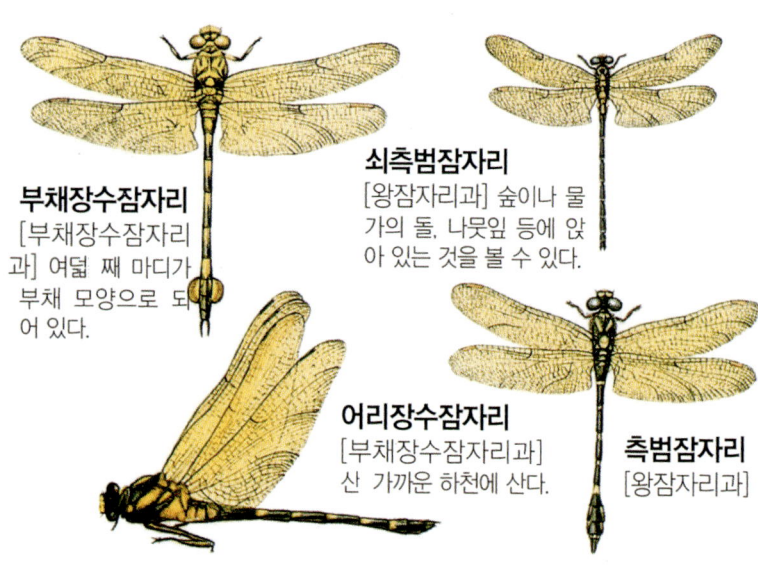

부채장수잠자리
[부채장수잠자리과] 여덟 째 마디가 부채 모양으로 되어 있다.

쇠측범잠자리
[왕잠자리과] 숲이나 물가의 돌, 나뭇잎 등에 앉아 있는 것을 볼 수 있다.

어리장수잠자리
[부채장수잠자리과] 산 가까운 하천에 산다.

측범잠자리
[왕잠자리과]

방울실잠자리 [실잠자리과] 물풀이 많은 저수지나 연못에서 산다.

밀잠자리
[잠자리과] 우리 나라에서 가장 흔하다.

등줄실잠자리
[실잠자리과] 저수지나 연못에서 산다.

아시아실잠자리
[실잠자리과]

청실잠자리
[실잠자리과]

배치레잠자리
[잠자리과] 자라면서 수컷은 온몸이 검게 변하고 배 부분은 청백색의 빛깔을 띤다.

물잠자리 [물잠자리과]

풍뎅이

장수풍뎅이 [풍뎅이과] 몸길이 3~5.5cm. 여름 주로 밤에 활동하며 낮에는 땅 속에서 지낸다.

장수풍뎅이의 뿔은 어디에 사용할까?

먹이를 둘러싸고 싸움을 할 때 뿔을 사용한다. 내던져진 쪽이 지는데, 뿔이 없는 암컷과는 싸우지 않는다.

장수풍뎅이의 몸 구조

렌즈로 되어 있는 눈
눈은 작은 눈이 2만 개나 모인 겹눈이다. 표면에는 렌즈가 있으므로 낮 동안 흙 속에 굴을 파고 들어가도 상처를 입지 않는다.

맛을 느끼는 입수염
먹이를 먹을 때는 입수염으로 맛을 조사한 뒤에 먹는다.

먹이를 찾는 더듬이
더듬이로 냄새를 맡는다. 날 때는 크게 벌려 나뭇진의 냄새가 나는 장소를 발견한다.

앞날개

뿔
(수컷만 있다)

뒷날개

접혀 있던 뒷날개를 펴고 날아가는 모습

접혀 있는 뒷날개
단단한 날개 속에 얇은 막 같은 뒷날개가 접혀져 있는데 날 때는 이 날개를 펴서 날아간다.

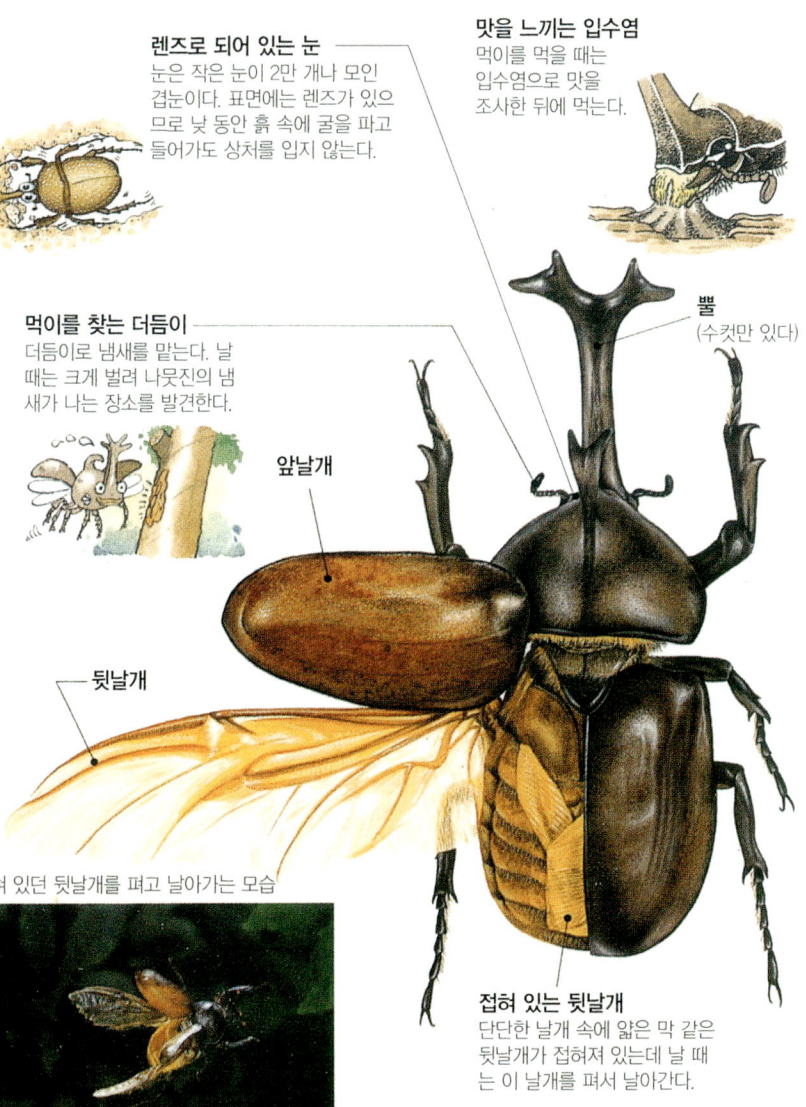

공격하기 직전의 **사슴풍뎅이**

장수풍뎅이의 한살이

알 – 흙 속에 낳는다.   흙 속에서 깨어 나온다.   애벌레 – 썩은 나뭇잎을 먹고 자란다.

풍뎅이의 종류

파브르의 〈곤충기〉

파브르(1823~1915)가 일생 동안 관찰한 곤충들에 대하여 쓴 책으로, 나온 지 100년이 지난 지금도 전세계 사람들이 즐겨 읽고 있다.
이 책 속에는 왕쇠똥구리, 벌, 매미, 여치, 사마귀, 나비, 노린재, 나방, 딱정벌레, 풍뎅이, 거미 등의 본능적인 행동과 습성에 관한 재미있는 이야기들이 실려 있다.

(수컷)　　　　　(암컷)

뿔쇠똥구리
몸 길이 2.5cm
애벌레는 똥 덩어리 속에서 똥을 먹고 산다.

보라금풍뎅이
몸 길이 1.6~2.2cm

콩풍뎅이
몸 길이 1.1cm
묘목의 해충으로 알려져 있다.

알락풍뎅이
몸 길이 1.6~2.1cm
애벌레는 퇴비나 식물이 부패한 곳에서 자란다.

북방보라금풍뎅이
몸 길이 1.4~2.0cm
개나 사람의 똥에 모여든다.

왕풍뎅이
몸 길이 2.9cm
참나무 잎을 먹는다.

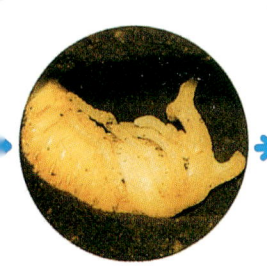

번데기

수컷 장수풍뎅이의 날개돋이

갓 날개돋이한 어른벌레

하늘소

보통 하늘소보다 두 배 이상 크며 수컷은 큰 턱이 발달하였다. 원래 삼림을 해치는 벌레이나, 그 수가 적어 우리 나라에서는 천연 기념물로 지정하였다.

장수하늘소 (천연 기념물 218호)

뒷다리

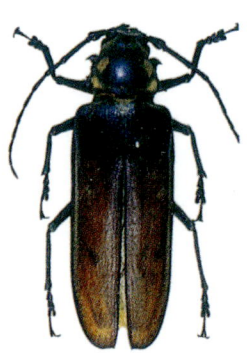

수컷
몸 길이 8.5~10.8cm

암컷
몸 길이 6.5~8.5cm

졸참나무하늘소의 몸 구조

앞다리

입
입은 아래로 향하고 있으며 큰 턱이 있다. 번데기 방에서 바깥으로 나올 구멍을 파는 데 쓰며, 나무 껍질을 갉아먹기도 한다.

머리

가운뎃다리

더듬이
수컷의 더듬이 길이는 몸길이의 1.4배 정도이다. 냄새를 맡는다.

앞가슴

앞날개
앞날개 속에 뒷날개 한 쌍이 접혀 있다.

번데기

애벌레

다리끝
발톱 마디라 하며 갈라진 발톱을 사용하여 수직의 나무 줄기를 걸을 수 있다.

53

나무 속을 파 먹는 **하늘소**

톱하늘소
봄~초가을
불빛에 모인다.

율도하늘소
봄~여름
국화과 식물에 모인다.

삼하늘소
봄~여름
엉겅퀴, 삼나무에 모인다.

모자주홍하늘소
봄~여름
참나무에 모인다.

하늘소의 종류

버들하늘소
애벌레는 전나무, 소나무, 황철나무 등 많은 활엽수를 해친다.

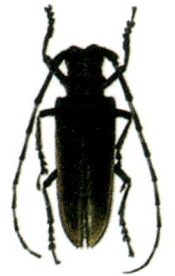

뽕나무하늘소
뽕나무 껍질을 씹어 먹는다.

하늘소
나무 속을 파 먹는 해로운 벌레이다. 불빛에 모인다.

무늬소주홍하늘소
단풍나무 잎이나 꽃에 날아온다.

홍가슴풀색하늘소
꽃에 모인다.

긴알락꽃하늘소
여러 종류의 꽃에서 볼 수 있다.

털두꺼비하늘소
벌채한 참나무류에 모인다.

노랑띠하늘소
꽃에 모인다.

알락하늘소
낮에 활동하나 불빛에 모인다.

사슴벌레

큰머리와 강한 턱을 가진 사슴벌레, 수컷은 무서운 겉모습과 달리 다른 동물에게 해를 끼치지 않으며, 주로 나무즙이나 다른 액체를 빨아먹고 산다. 길이가 6-8cm 정도이며 삼림 지대에 사는데 특히 열대 우림 지역에서 많이 볼 수 있다.

사슴벌레의 날아 오르는 장면

사슴벌레 암컷은 싸움을 하는 수컷보다 크기가 작고 턱도 수컷보다 작다.

❖ **싸우는 수컷 경쟁자들** 사슴벌레들은 나뭇가지 위에서 만나면 자기 영역을 지키기 위하여 상대방의 수컷을 자신의 턱으로 꽉 안으려고 한다. 일단 상대를 안으면 아래로 내던진다.

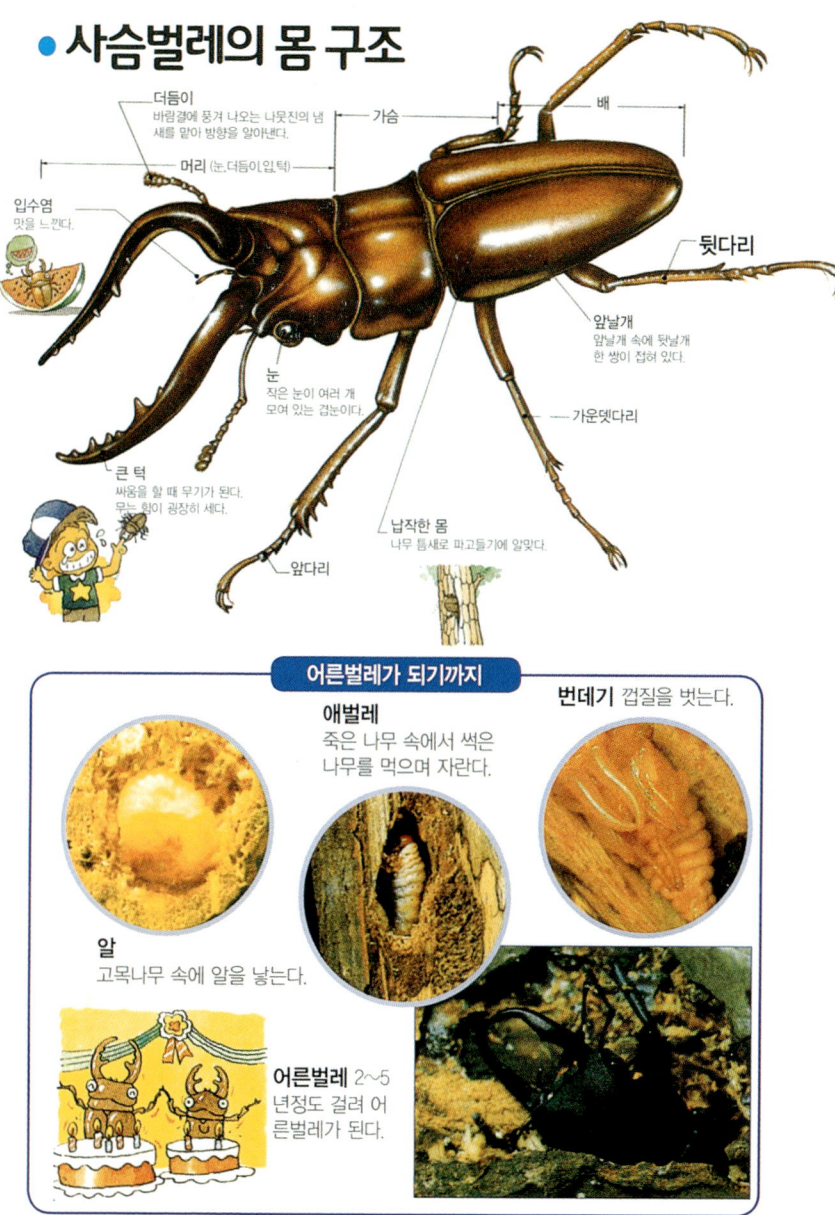

톱사슴벌레를 잡고 있는 **넓적사슴벌레**

(수컷)

(암컷)

넓적사슴벌레
상수리나무, 졸참나무 등에 모이며 불빛에도 모인다.

애사슴벌레
사슴벌레 무리 중 가장 흔한 종이다.

톱사슴벌레
밤에 졸참나무 등에 모이며 불빛에도 잘 날아든다.

장수풍뎅이와 사슴벌레의 싸움

장수풍뎅이가 더 강하지만 가끔 사슴벌레가 큰 턱으로 이기는 수도 있다.

사슴벌레 무리의 대부분은 야행성으로 낮에는 주로 나무 속이나 나무 밑동의 흙 속에 숨고, 밤에 나와서 나뭇진에 모인다. 또 불빛에도 잘 나온다.

사슴벌레 기르기

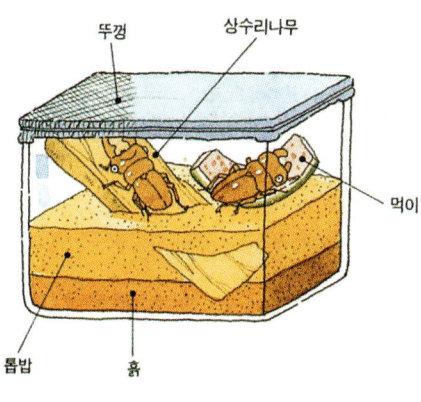

- 직접 햇볕을 받지 않게 한다.

사슴벌레 먹이

- 겨울에는 따뜻한 방에 둔다.

사슴벌레 잡는 법

- 아침 일찍이나 저녁에 숲에 가 보자.
- 상수리나무나 졸참나무 줄기를 툭 차면 떨어져 내려온다.
- 나무 속에 있기도 한다.

메뚜기과 풀무치

● 풀무치의 몸 구조

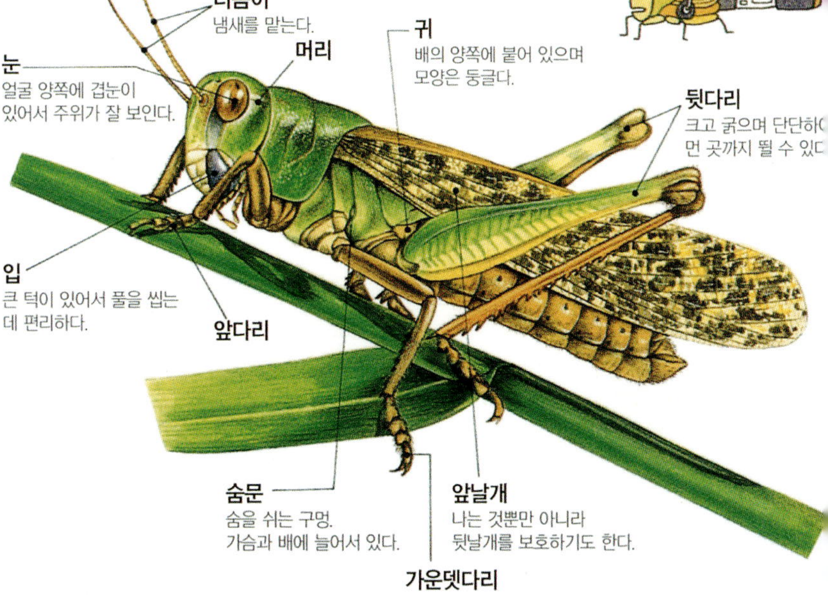

더듬이 냄새를 맡는다.

머리

귀 배의 양쪽에 붙어 있으며 모양은 둥글다.

눈 얼굴 양쪽에 겹눈이 있어서 주위가 잘 보인다.

뒷다리 크고 굵으며 단단하(며) 먼 곳까지 뛸 수 있다

입 큰 턱이 있어서 풀을 씹는 데 편리하다.

앞다리

숨문 숨을 쉬는 구멍. 가슴과 배에 늘어서 있다.

앞날개 나는 것뿐만 아니라 뒷날개를 보호하기도 한다.

가운뎃다리

풀무치의 한살이

흙 속에 알을 낳는다.

알에서 애벌레가 깨어난다.

풀을 먹고 자란다.

껍질을 벗고 더 자란다.

늦가을에 알을 낳고 죽는다.

앞가슴 양쪽에 검은 줄무늬가 있다. **밑드리메뚜기**

낮 동안 활발하게 움직이는 **팥중이**

습기 있는 풀밭을 좋아하는 **쌕쌔기**

풀숲에 몸을 숨기고 있는 **방아깨비**

등검은메뚜기의 얼굴 모습

벼메뚜기 [여름]
옛날에는 논에서 많이 볼 수 있었는데 요즘에는 농약 살포로 수가 많이 줄었다.

(녹색)

(갈색)

풀무치
농작물에 떼 지어 다니며 피해를 준다.

땅메뚜기 [가을]
어른벌레로 겨울을 난다.

모메뚜기 [봄~가을]
밭이나 길가의 풀 속에 많다.

등검은메뚜기 [늦여름]
풀밭에서 볼 수 있다. 겹눈에 가는 세로줄이 있다.

두꺼비메뚜기 [여름~초가을]
농촌의 마르고 거친 땅에서 볼 수 있다.

다리를 떨며 울고 있는 **삽사리**

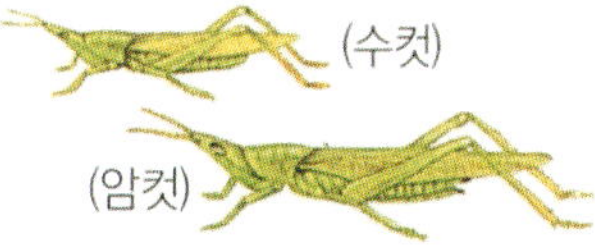

(수컷)
(암컷)

섬서구메뚜기 [여름~가을]
[섬서구메뚜기과]
수컷이 암컷보다 아주 작다.
암컷은 수컷을 등에 태우고
오랜 시간 짝을 짓는다.

(암컷)
(수컷)

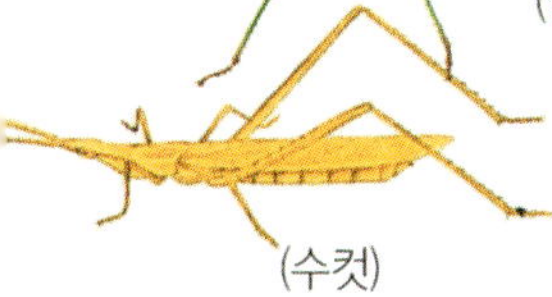

방아깨비 [여름~가을]
암수 크기가 차이가 심하다.
수컷은 날 때 탁탁 소리를 낸
다. 양 다리를 잡으면 몸을 위
아래로 방아질하듯 움직인다.

콩중이
풀무치와 비슷하나
가슴과 뒷날개의 무
늬로 구별된다.

팥중이
[여름~가을]
콩중이와 비슷하나 조금 작다.

딱다기 [여름~가을]
방아깨비와 비슷하나 등면
이 직선이며 뒷다리가 짧
고 몸은 가늘고 길다.

63

반딧불이

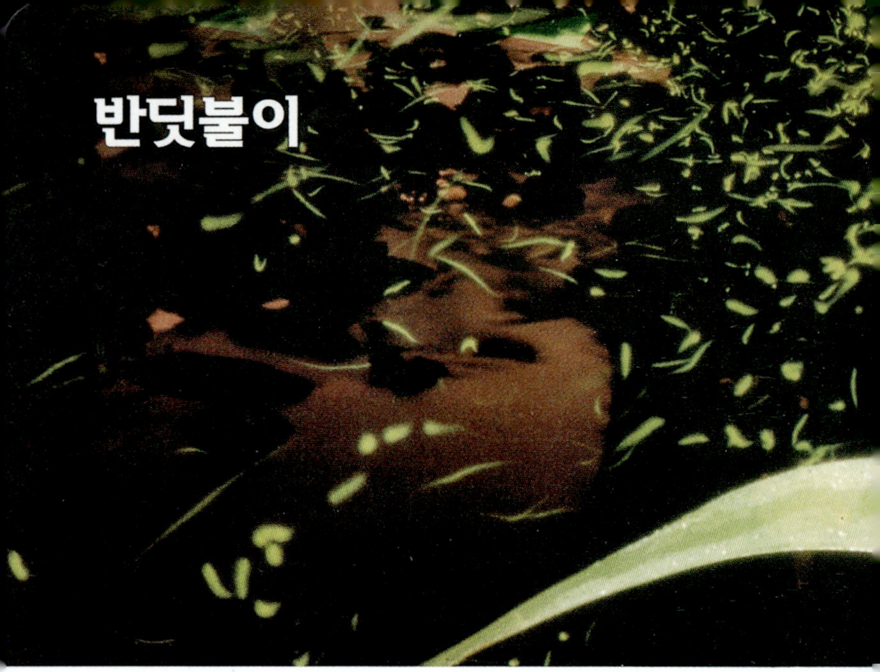

한밤중에 **반딧불이** 떼들이 빛을 발하는 모습

몸길이 1.2cm, [봄~가을]
배의 2~3마디에 빛을 내는 발광기가 있다. 이끼에 알을 낳으며, 우리나라, 일본 등지에 분포되어 있다. '개똥벌레'라고도 불린다.

반딧불이의 한살이

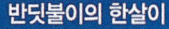

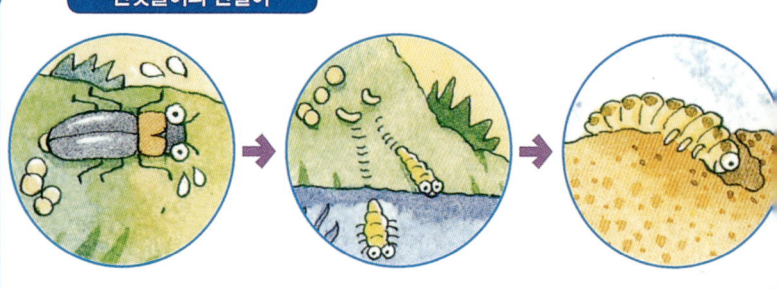

물가의 이끼 등에 한꺼번에 알을 낳는다. 이 때도 빛을 낸다.

알에서 깨어난 애벌레는 곧 물 속으로 들어간다.

흙 속으로 파고들어간다

반딧불이는 왜 빛을 낼까?

반딧불이는 수컷과 암컷이 서로 부르기 위한 신호로 빛을 낸다. 또 이렇게 빛을 냄으로써 적을 위협하여 몸을 보호하는 데도 도움이 된다.

수컷　암컷
〈빛을 내는 곳〉

전라 북도 무주군 설천면의 도로변과 산기슭은 반딧불이의 서식지로 천연 기념물 제 322호로 지정되어 있다.

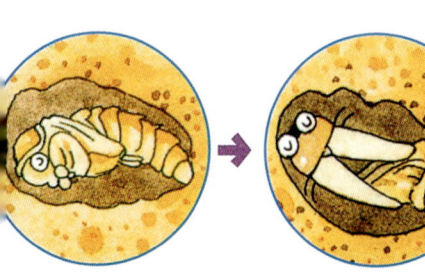

흙 속의 방에서 번데기가 된다.

흙 속에서 탈바꿈을 한다.

어른벌레가 되면 땅 속에서 밖으로 기어나온다.

길앞잡이과 ● 길앞잡이의 몸 구조

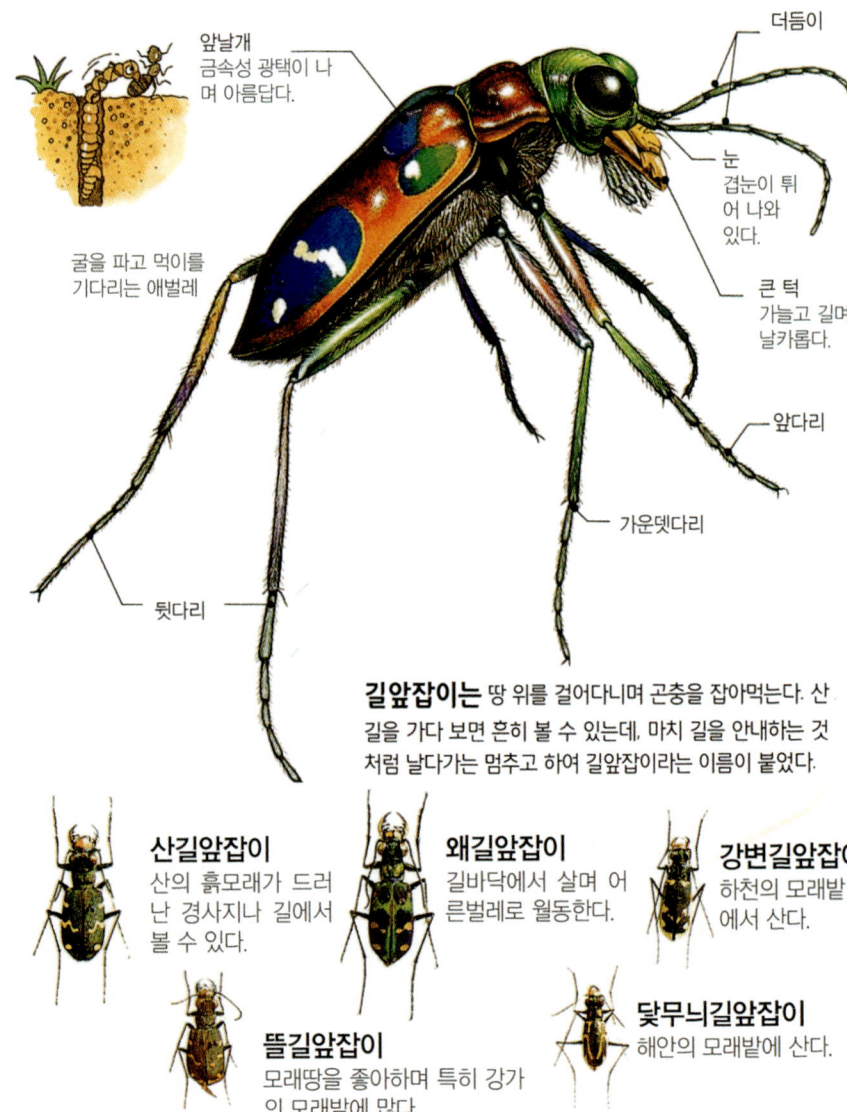

- 앞날개: 금속성 광택이 나며 아름답다.
- 더듬이
- 눈: 겹눈이 튀어 나와 있다.
- 큰 턱: 가늘고 길며 날카롭다.
- 앞다리
- 가운뎃다리
- 뒷다리
- 굴을 파고 먹이를 기다리는 애벌레

길앞잡이는 땅 위를 걸어다니며 곤충을 잡아먹는다. 산길을 가다 보면 흔히 볼 수 있는데, 마치 길을 안내하는 것처럼 날다가는 멈추고 하여 길앞잡이라는 이름이 붙었다.

산길앞잡이
산의 흙모래가 드러난 경사지나 길에서 볼 수 있다.

왜길앞잡이
길바닥에서 살며 어른벌레로 월동한다.

강변길앞잡이
하천의 모래밭에서 산다.

뜰길앞잡이
모래땅을 좋아하며 특히 강가의 모래밭에 많다.

닻무늬길앞잡이
해안의 모래밭에 산다.

딱정벌레과

큰명주딱정벌레

검은명주딱정벌레

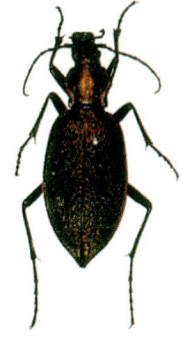
홍단딱정벌레
낮에는 돌이나 낙엽 밑에 숨어 있다가 밤에 활동한다.

애딱정벌레

큰노랑테녹색먼지벌레
불빛에 모여든다.

풀색명주딱정벌레

방구벌레

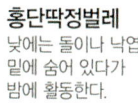

양코스키딱정벌레 밤에 기어나와 다른 곤충을 잡아먹는다.

금테비단벌레 느릅나무 잎에 붙어 있다.

비단벌레과

가장 아름다운 곤충으로 알려져 있는 비단벌레는 앞날개 겉에 몇 개의 층이 있어, 빛이 반사되면 아름다운 색으로 빛난다.

아름다운 날개를 가진 비단벌레

비단벌레
나뭇가지 끝에서 날아다닌다.

초록비단벌레
벚나무 위에 날아다닌다.

보라등비단벌레

소나무비단벌레

왕더듬이긴잎벌레 딱지날개에 10개의 검은색 둥근 무늬가 있다.

잎벌레과

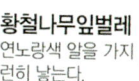

황철나무잎벌레
연노랑색 알을 가지런히 낳는다.

오리나무잎벌레
애벌레와 어른벌레 모두 식물의 잎을 먹고 자란다.

버들잎벌레
애벌레는 버드나무류의 잎을 먹는다.

보라색잎벌레
잎벌레는 흙 속에 들어가 번데기가 된다.

청줄보라잎벌레
잎벌레과 중 가장 크고 아름답다.

알을 낳고 있는 황철나무잎벌레

열매의 즙을 빨아먹는 **비단노린재**

새끼를 지키는 **에사키노린재**

노린재과

노린재의 비밀

만지면 고약한 냄새가 나는데, 이것은 적으로부터 몸을 지키기 위한 방법이다.

바늘처럼 뾰족하고 긴 입을 풀이나 나무 줄기에 꽂아 즙을 빨아먹는다.

애벌레   어른벌레

안갖춘탈바꿈을 한다.(어른벌레와 모양이 비슷하다.)

• 노린재의 종류

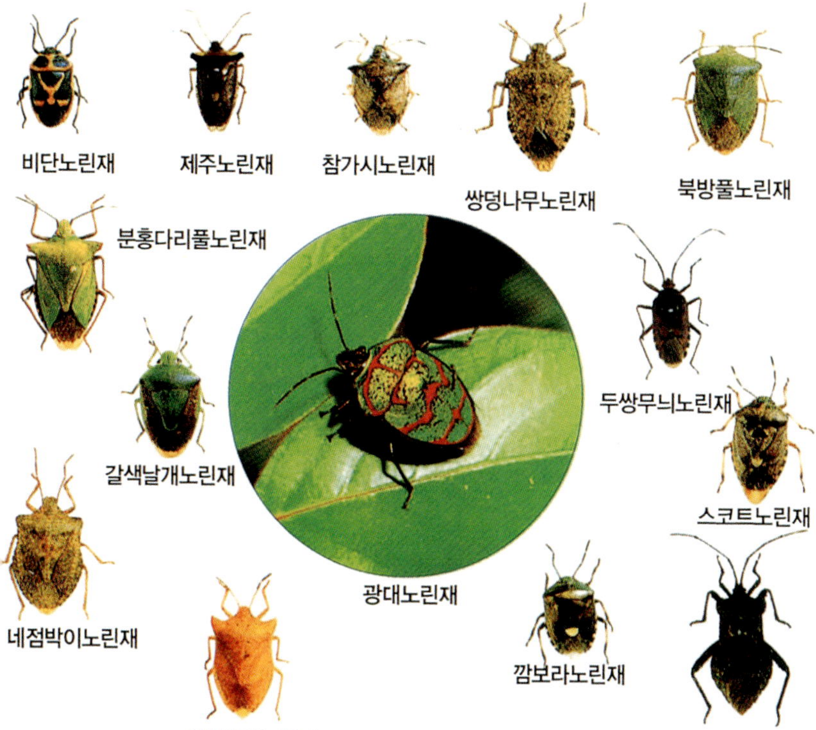

비단노린재
제주노린재
참가시노린재
쌍덩나무노린재
북방풀노린재
분홍다리풀노린재
두쌍무늬노린재
갈색날개노린재
스코트노린재
광대노린재
네점박이노린재
깜보라노린재
열점박이노린재
큰허리노린재

노린재의 먹이

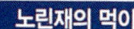

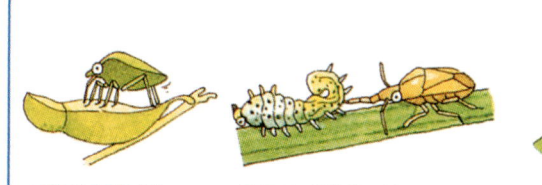

식물의 즙을 먹는 노린재

동물의 체액을 먹는 노린재

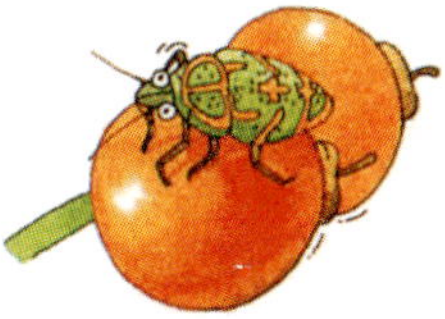

꽃의 꿀이나 열매의 즙을 먹는 노린재

귀뚜라미과

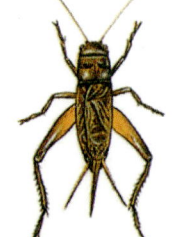

왕귀뚜라미 풀밭이나 밭에서 보통 볼 수 있다. 잡식성이며, 농작물에 해를 끼치기도 한다.

모대가리귀뚜라미 수컷만 운다. 풀밭이나 밭에 산다.

알락귀뚜라미 풀밭이나 밭에 산다. 잘 날고, 불빛에 모여든다.

● 귀뚜라미의 한살이

귀뚜라미는 번데기 시절이 없다.

알 땅 속에 낳는다.

부화 흙 속에서 나온다.

애벌레 검고 날개가 없다.

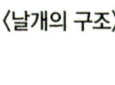
〈날개의 구조〉

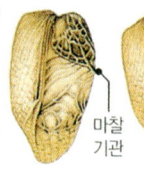
왼쪽 날개(겉쪽)　마찰 기관

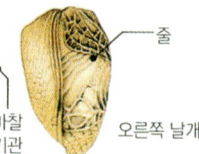
줄
오른쪽 날개(겉쪽)

날개돋이 등에서부터 나오기 시작한다.

왼쪽 날개에 있는 마찰 기관과 오른쪽 날개에 있는 굵은 줄을 서로 비벼서 소리를 낸다.

귀 앞다리 둘째 마디에 있다.

귀뚜라미는 왜 울까요?

동료에게 자기 영역을 알리거나 암컷을 유혹하기 위해 운다. 그 밖에 다른 수컷과 싸울 때도 운다. 귀뚜라미는 대부분을 알이나 애벌레 상태로 있기 때문에 짧은 어른벌레 시기에 2세를 남기기 위해 수컷은 암컷을 부르며 줄기차게 울어 댄다.

긴꼬리 [긴꼬리과] 풀숲에서 아름다운 소리로 운다.

●방울벌레의 몸 구조

암컷 — 더듬이, 앞다리, 머리, 가슴, 가운뎃다리, 배, 뒷다리, 알을 낳는 산란관

방울벌레 [귀뚜라미과] 알로 흙 속에서 월동한다. 어른벌레는 수풀 속에서 사는데 잡초의 잎을 먹으며 밤에 활동한다.

여치과

여치 풀밭이나 강변의 풀숲에 살며 낮부터 운다.

베짱이 밭이나 풀밭, 길가에 많으며 높은 소리로 운다.

철써기 저녁에 '철썩철썩'하고 운다.

좀매붙이 늦여름에서 가을까지 생활한다.

검은다리실베짱이 낮에 활발하게 움직인다.

베짱이의 눈은 낮에는 녹색, 밤에는 검으색으로 변한다.

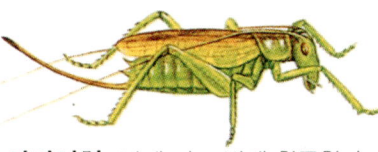

어리여치 낮에 자고 밤에 활동한다.

사마귀

사마귀는 어른벌레나 애벌레 모두 육식성으로, 잎 사이나 꽃잎 뒤에 숨어 있다가 곤충을 닥치는 대로 잡아먹는다.

● 사마귀의 몸 구조

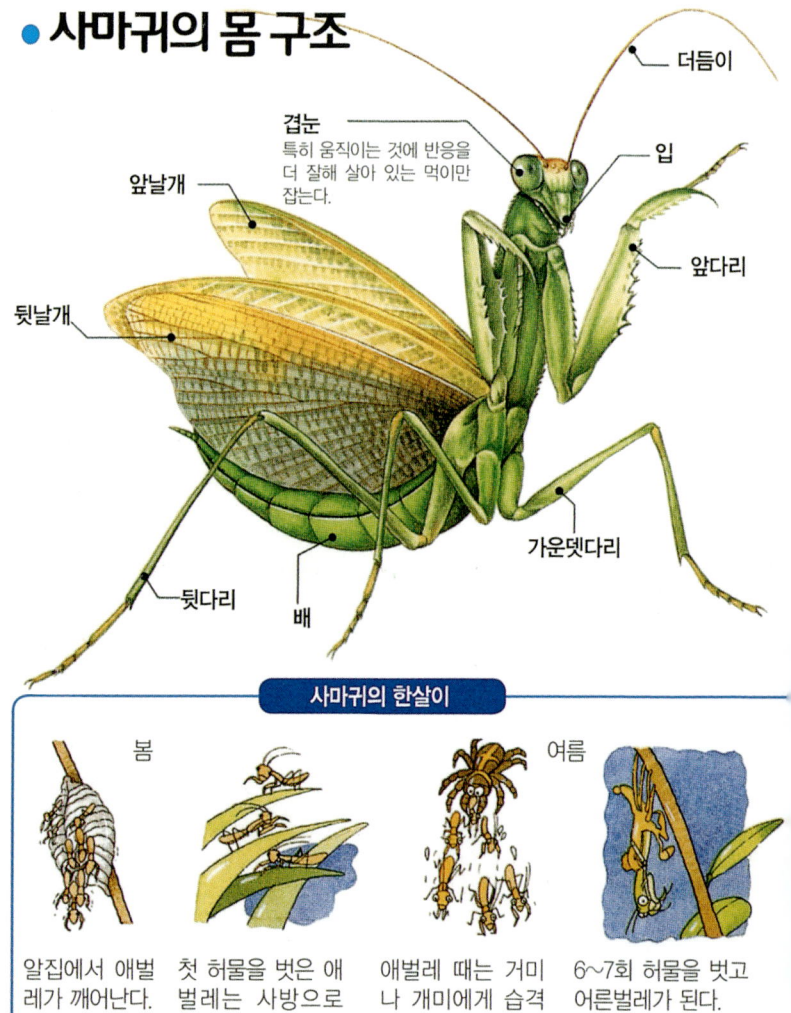

- 더듬이
- 겹눈: 특히 움직이는 것에 반응을 더 잘해 살아 있는 먹이만 잡는다.
- 입
- 앞날개
- 앞다리
- 뒷날개
- 가운뎃다리
- 뒷다리
- 배

사마귀의 한살이

봄 — 알집에서 애벌레가 깨어난다.

첫 허물을 벗은 애벌레는 사방으로 흩어진다.

애벌레 때는 거미나 개미에게 습격을 당한다.

여름 — 6~7회 허물을 벗고 어른벌레가 된다.

사마귀의 비밀

적을 만나면 앞다리를 치켜들고 위협한다.

머리를 자유롭게 움직일수 있어서 주변의 먹이를 찾고 적을 살피는 데 유리하다.

걸을 때는 앞다리를 사용하지 않는다.

사마귀의 눈

낮-초록빛을 띤다.

밤이 되면 눈이 까맣게 되는데, 그것은 겹눈 속의 색소가 변하기 때문이다.

밤-검게 변한다.

사마귀 애벌레의 행진

가을

겨울

른벌레가 되어서는 ㅏ 개구리 등의 천 게게 잡아먹힌다.

짝짓기를 끝낸 후 암컷은 수컷을 잡아먹는다.

암컷은 배 끝에서 흰 액체를 내 알집을 만들고 낳는다.

알을 낳은 뒤 암컷은 죽는다.

● 사마귀의 종류

왕사마귀의 알

왕사마귀
풀밭이나 숲에 산다.

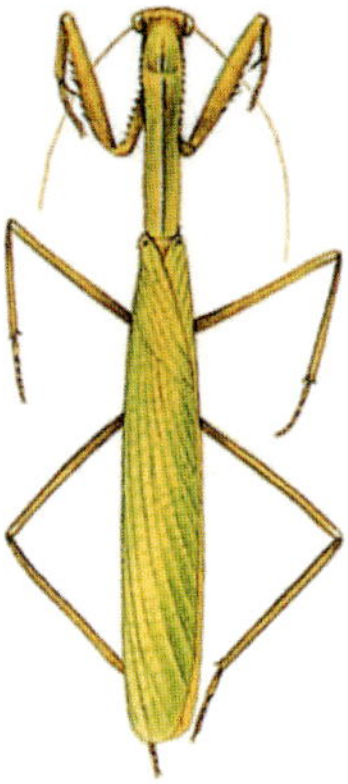

사마귀
풀밭이나 숲에 산다.

사마귀의 알

좀사마귀의 알

이제 막 첫 허물을 벗은 애벌레

항라사마귀
풀밭이나 강변에서 산다.

좀사마귀
풀밭에서 산다.

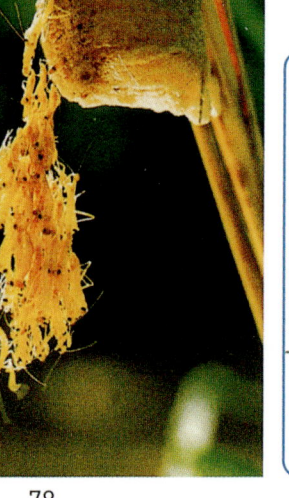

갖춘탈바꿈과 안갖춘탈바꿈

사마귀는 나비나 매미와는 달리 번데기 시기를 거치지 않는다. 애벌레가 번데기 단계를 거쳐 어른벌레가 되는 것을 갖춘탈바꿈이라 하고, 번데기 시기를 거치지 않고 몇 번의 허물벗기를 통해 바로 어른벌레가 되는 것을 안갖춘탈바꿈이라고 한다.

갖춘탈바꿈  알 애벌레 번데기 어른벌레

안갖춘탈바꿈  알  애벌레 어른벌레

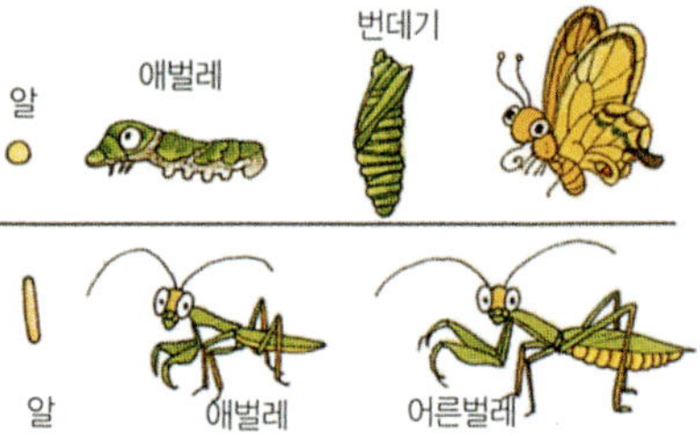

대벌레

대벌레
숲에서 볼 수 있다. 상수리나무나 졸참나무의 잎을 먹고 산다. 빛이나 외부의 자극을 받으면 몸과 다리를 쭉 뻗어 잔가지 모양을 하고 움직이지 않는다.

나뭇가지 모양을 한 **대벌레**

분홍날개대벌레
숲에서 산다. 뒷날개가 선명한 분홍색이다.

대벌레의 비밀
애벌레 시기에는 다리가 떨어져도 허물을 벗으면 다시 돋아나는데, 처음에는 짧기 때문에 걷는 데 도움이 안 된다.

무당벌레

조심스럽게 알을 낳고 있는 **무당벌레**

● **무당벌레의 몸 구조**

무당벌레 무리는 전세계에 약 5천 여종이 있다. 몸은 달걀형으로 등 쪽은 광택이 나고, 배 쪽은 편평하다. 붉은색이나 주황색 등에 검은 점 무늬가 있다. 그 밖에도 검은색 바탕에 주황색 얼룩 무늬가 있는 것도 있다.

● 무당벌레의 비밀

무당벌레의 시소
무당벌레는 조금이라도 높은 쪽으로 올라가는 버릇이 있으므로 작은 시소를 만들어 태우면 시소를 왔다갔다 한다.

높은 곳에서 산다
높은 곳까지 올라가면 앞날개를 편다. 그러면 앞날개 밑에 접혀져 있던 뒷날개가 펴지고 이것을 진동시켜 날아간다.

적으로부터 몸을 지키는 방법

떨어져 죽은 척한다. 적은 죽은 벌레인 줄 알고 먹지 않고 가 버린다.

다리 마디에서 고약한 냄새가 나는 노란 액체를 내어 몸을 지킨다.

• 무당벌레의 종류

진딧물을 잡아먹는 **무당벌레**

남생이무당벌레
[무당벌레과]
몸 전체에 광택이 나며 날개 무늬는 계절에 따라 색깔이 바뀐다.

무당벌레
[무당벌레과]
진딧물을 잡아먹산다.

무당벌레의 대부분은 진딧물, 진드기 등 농작물의 해충을 먹는 이로운 곤충이다.

칠성무당벌레-어른벌레가 되기까지

알을 낳는다. → 알에서 애벌레가 깨어난다. → 허물을 벗는다.

칠성무당벌레
[무당벌레과]
주로 풀밭이나 밭에서 흔히 볼 수 있다.

달무리무당벌레
[무당벌레과]
딱지날개에는 검은색 눈알 모양의 무늬가 있다.

무당벌레는 집단으로 모여서 겨울을 보낸다.

무당벌레의 여러 가지 무늬

같은 무당벌레이면서도 무늬가 전혀 달라 다른 종류처럼 보인다.

번데기가 된다.   번데기 껍질을 벗는다.   무늬가 보이기 시작한다.

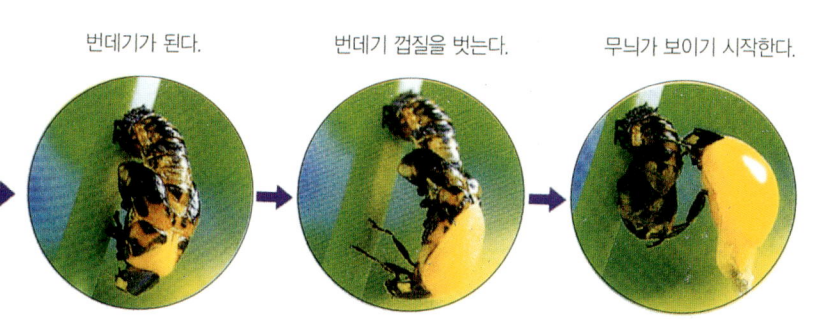

벌

꿀벌 여러 가지 꽃에서 꿀을 빤다

꿀벌의 비밀

무서운 침
꽁무니에 독이 나오는 침이 있다.

꽃가루를 실어 나르는 바구니
뒷다리에 꽃가루를 운반하기 위해 털 바구니가 있다.

꿀 주머니
뱃속에 꿀을 집으로 가져오기 위한 주머니가 있다.

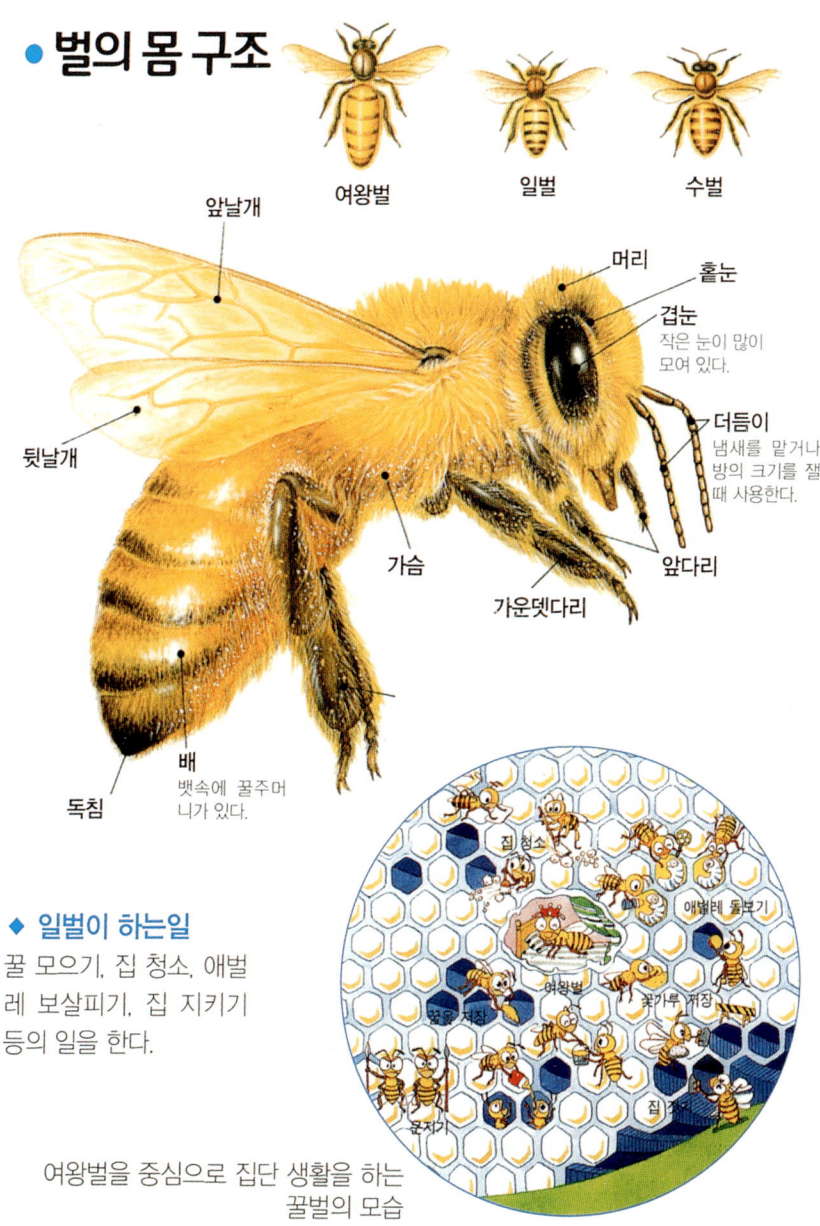

● 벌의 종류

꼬마쌍살벌 [말벌과]
나무나 처마 부근에
집을 짓고 산다.

장수말벌 [말벌과]
우리 나라에서 사는 벌 중 가장 크다. 꿀벌의 가장 큰 적이다. 공격적이고 독성이 강하다.

두눈박이쌍살벌 [말벌과]
풀밭에 산다.

등검은쌍살벌 [말벌과]
처마 밑에 집을 짓고 산다.

꿀벌 [재래종, 꿀벌과]
산, 들에서 흔히 보이는 것으로 여러 가지 꽃에서 꿀을 뺀다.

말벌의 얼굴 모습

노랑말벌 [말벌과]
나뭇가지에 집을 짓고 수백 마리가 집단 생활을 한다.

별쌍살벌 [말벌과]
처마 밑이나 뜰에서 흔히 볼 수 있다.

꿀벌은 어떻게 겨울을 날까요?

겨울이 되면 꿀벌들은 서로 몸을 빽빽하게 붙이고 겨울을 난다. 벌들은 몸을 진동시켜 열을 내서 보금자리를 따뜻하게 한다. 먹이는 여름내 잔뜩 모아 둔 꿀을 조금씩 핥으며 지낸다. 겨울이 가까워지면 꿀벌은 나뭇진을 꽃가루 주머니에 담아와 밀랍에 섞어 벌통 틈새로 들어오는 바람을 막는다.

일벌 일벌은 6주 정도 산다. 첫 주에 무리의 알과 애벌레를 돌본다. 다음 집 짓는 것을 돕고, 다른 일벌이 가져온 꽃가루와 꿀을 벌집안에 저장한다. 끝으로 꽃가루를 모아 집으로 가지고 온다.

좀호박벌 몸 길이 1.7cm, 몸은 검은색이고 긴 털이 빽빽이 나 있다.

등검은쌍살벌 몸 길이 2.1~2.6cm, 처마 밑에 집을 짓고 산다.

왕가외벌 몸 길이 2.1~2.5cm, 밤나무를 못 살게 해친다.

꿀벌이 맴돌며 춤추는 이유?

꿀이 있는 곳을 동료에게 알리기 위해서이다.

꿀이 먼 곳에 있을 때 8자를 그리듯이 날아다닌다.

나는 방향과 해를 각도로 꿀의 위치를 알려 준다.

두눈박이쌍벌의 집

● 여러 가지 벌집

말벌, 쌍살벌, 꿀벌 등은 모두 정육각 기둥 모양의 독방이 나란히 늘어선 집을 짓고 가족 중심으로 집단 생활을 한다.

장미가위벌의 집
장미 잎을 입으로 동그랗게 잘라 둥근 대나무 같은 속이 빈 곳에 집을 짓고, 그 곳에 알을 낳는다.

호리병벌의 집 만들기

흙을 뭉친다.

집의 재료인 흙덩이를 나른

말벌의 집

쌍살벌의 집

나무 껍질을 갉아 섬유질을 긁어 낸다.

섬유와 침을 섞은 밀랍으로 돌에 기둥을 만들어 방을 만든다.

쌍살벌은 방을 하나 만들 때마다 그 속에 알을 하나씩 낳는다.

집을 완성하고 그 안에 알을 낳는다.

먹이인 나방의 애벌레를 잡는다.

애벌레의 먹이를 넣어 주는 호리병벌

등에

꽃등에 밭이나 숲 근처에서 각종 꽃에 모여 활동한다.

대모꽃등에 몸에 노란 털이 나 있고 죽은 벌의 애벌레 등을 먹는다.

어리대모꽃등에 검정재모꽃등에와 비슷하나 배의 제2마디가 엷은 노랑색이다.

왕꽃등에 애벌레는 더러운 물에서 살며 긴 호흡관을 가지고 있다.

검정대모꽃등에 꽃등에과에 중 몸이 큰 편이다.

수중다리꽃등에 꽃에 잘 날아다닌다.

줄꽃등에 야산의 밭이나 숲에서 산다.

좀개미꽃등에 산지의 꽃에 날아다닌다.

섬꽃등에   호리꽃등에

빌로드재니등에
공중에 정지하여 날면서 꿀을 빨고 있는 모습을 볼수 있다.

큰검정우단재니등에
어른벌레는 여름에 세상에 나온다.

줄동애등에
특징 체장 14-16mm 몸은 흑색.(국립수목원 국가 생물종지식정보)

검정날개재니등에
특징 몸은 흑색, 머리는 둥글고 겹눈사이는 갈색을 띠며 흑색 짧은 털이 밀생했다.

노란털재니등에
어른벌레는 여름에 세상에 나온다.

곱추등에
곱사등이 모양을 하고 있다.

동애등에
더러운 물이나 거름 등에 산다.

누런얼룩동애등에
몸이 13-24mm 노랗다.

벌과 꽃등에를 구별하는 법

벌   꽃등에 무리와 벌은 어떻게 다른지 잘 살펴보자.   꽃등에

① 벌의 날개는 4장, 꽃등에는 2장
② 눈은 꽃등에가 더 크다
③ 더듬이는 벌이 길고 꽃등에는 매우 짧다

개미

먹이를 운반하는 **개미들**

● 개미집의 구조

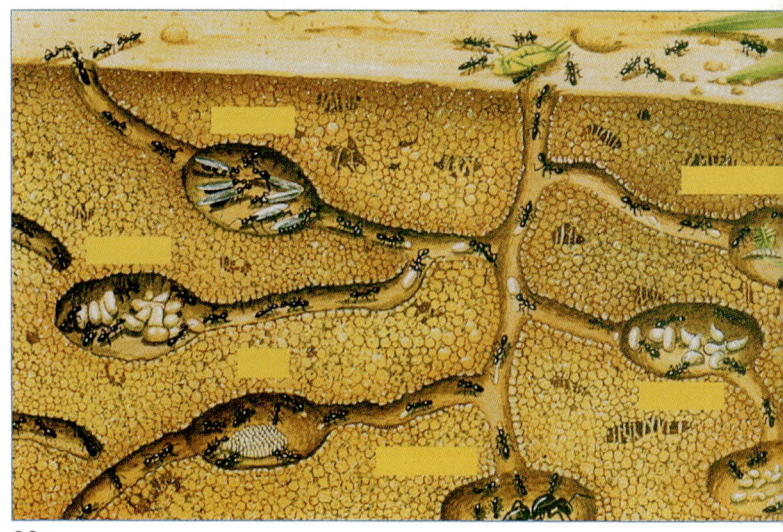

진딧물은 꽁무늬에서 단물을 낸다. 개미는 진딧물의 꽁무늬에서 단물을 받아 먹는 대신 진딧물을 적으로 부터 지켜 준다.

개미를 길러보자

종이를 땅에 펴놓고 그 위에 과자를 놓는다.

개미가 모여들면 종이를 들어 올려 흙을 넣은 플라스틱 그릇에 개미를 넣고 뚜껑을 덮는다.

뚜껑
망이나 유리판으로 뚜껑을 덮는다.

먹이
비스킷
설탕
죽은벌레

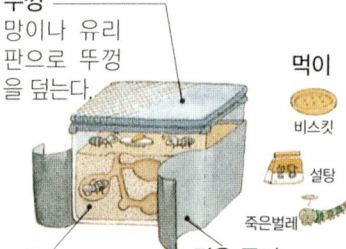

흙
그릇의 3분의 2 정도 담아 꼭꼭 눌러 놓는다.

검은 종이
집이 완성될 때까지 검은 종이로 그릇을 씌워 둔다.

개미를 기를 때 주의할 점

집에 다른 개미를 함께 키우면 싸운다.

작은 그릇에 개미를 너무 많이 넣으면 서로 싸우다 죽어 버린다.

● 개미의 몸 구조

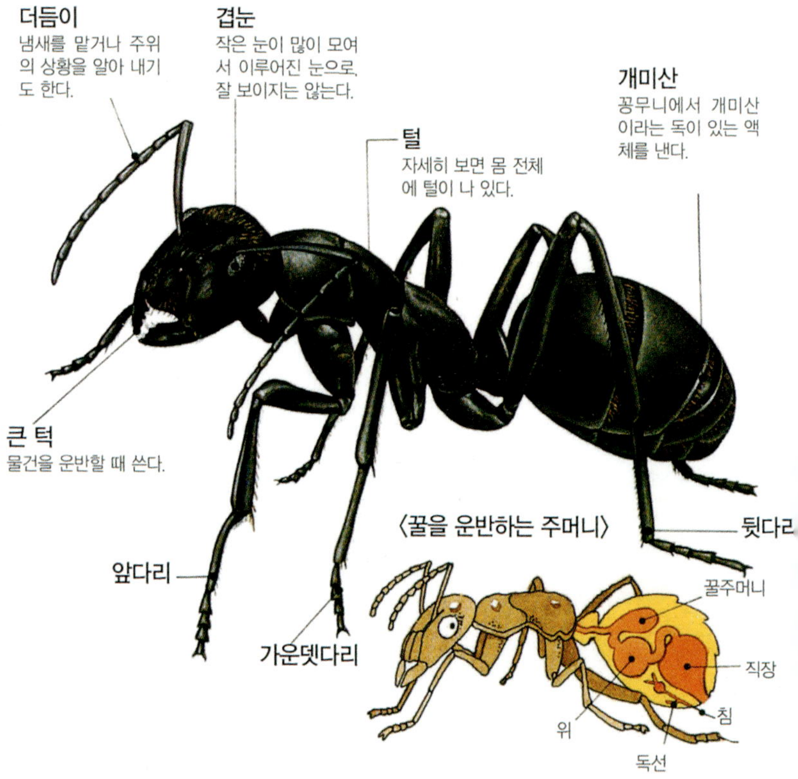

더듬이
냄새를 맡거나 주위의 상황을 알아 내기도 한다.

겹눈
작은 눈이 많이 모여서 이루어진 눈으로, 잘 보이지는 않는다.

털
자세히 보면 몸 전체에 털이 나 있다.

개미산
꽁무니에서 개미산이라는 독이 있는 액체를 낸다.

큰 턱
물건을 운반할 때 쓴다.

앞다리

가운뎃다리

〈꿀을 운반하는 주머니〉

뒷다리

꿀주머니
직장
침
위
독선

개미의 생활

봄이 되면 잠에서 깨어나 집 밖으로 나온다.

초여름에 여왕개미와 수개미가 결혼하기 위해 날아 올라간다.

결혼한 여왕개미는 날개를 떼어 내고 집을 만든다. 수개미는 바로 죽어 버린다.

여왕개미는 알을 낳고 애벌레를 돌본다.

개미의 비밀

먹이를 발견한 개미는 꽁무니에서 특수한 물질인 '페로몬'을 만들어 낸다. 이것을 집으로 돌아오는 길에 묻혀 놓아 동료들에게 먹이가 있는 곳을 알려 준다.

일본왕개미와 담흑부전나비의 애벌레

일본왕개미는 담흑부전나비의 애벌레를 집으로 끌어들여서 함께 산다. 개미는 애벌레의 등에서 나오는 단물을 빨아먹고, 대신 애벌레의 입에 먹이를 넣어 준다.

여왕개미
몸 길이 2cm.
알을 낳고 기른다.

수개미
몸 길이 0.8~1.5cm.
여왕개미와 결혼 비행한 후에 죽는다.

일개미
몸 길이 0.7~1.3cm.
집을 짓거나 먹이를 모아들여 저장한다.

일개미가 많아지면 집을 크게 만든다.

일개미는 더듬이로 인사한다.

겨울을 대비하여 가을에 먹이를 저장한다.

겨울에는 집의 입구에 뚜껑을 덮어 두고 봄이 올 때까지 지낸다.

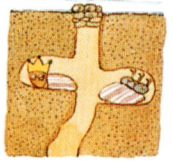

참매미 [매미과] 평지나 산기슭에서 아주 흔하게 볼 수 있는 것으로 맴맴 운다.

매미

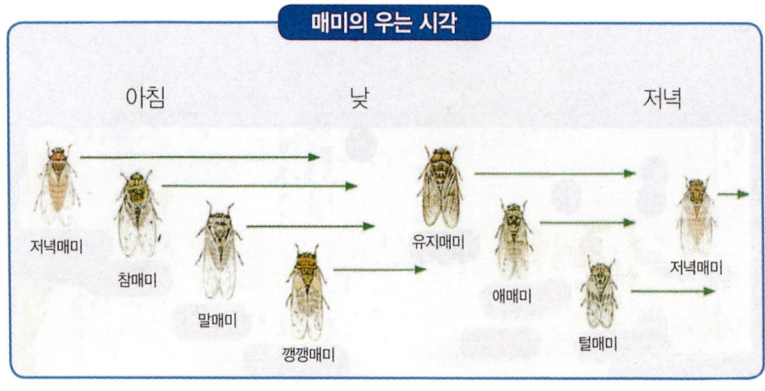

늦털매미 지잇지잇
하고 운다.

애매미 고추고추고추고추골아~씨
하고 운다.

쓰름매미
쓰름~쓰름~쓰름
하고 운다.

유지매미
기름이 끓는 것 같은
소리로 운다.

깽깽매미
등 한가운데에 W(더블
유)자 무늬가 뚜렷하다.

말매미
아침 일찍부터 울기 시작하는데
울음 소리가 크고 강하다.

매미는 왜 날면서 오줌을 싸나?

날 때 몸을 가볍게 하기 위해 지금까지 빨아먹었던 나무의 즙을 몸 밖으로 내보내는 것이다.

● 참매미의 날개돋이

등이 터지면서 날개돋이가 시작된다.

머리와 가슴이 나온다.

머리와 가슴을 뒤로 젖혀 배를 빼낸다.

● 유지매미의 한살이

나무 줄기 속에 낳는 알

● 매미의 일생

매미는 한여름에 나무 줄기 속에 알을 낳는다. 알에서 깨어난 애벌레는 땅 속으로 기어내려가 여러 번 허물을 벗고, 7년이 지나면 땅 위로 기어올라와 어른매미가 된다. 어른매미는 약 20일 정도 살다가 알을 낳고 곧 죽는다.

애벌레는 아래로 내려가 땅 속으로 파고들어가서 나무 뿌리 근처에 자리를 잡는다.

4년째 애벌레

7년째 여름이 땅 속에서 나온

날개가 마르기를 기다린다.

드디어 마른 상태.
이후 날개 빛깔은 차츰 바뀐다.

나무 위로 올라간다.

매미는 애벌레에서 어른벌레가 되기까지 땅 속에 있는 기간이 비교적 길다. 애벌레 시기는 종류에 따라, 유지매미와 참매미는 7년째, 털매미는 4년째에 어른매미가 된다. 이 밖에 북아메리카에 사는 17년매미는 애벌레 시기가 가장 긴 것으로 유명하다.

매미는 왜 울까요?

주로 수컷이 암컷을 부르기 위해 운다.

암컷 　　　 수컷

소리를 내는 발음기

알을 낳는 산란관

곤충의 겨울나기

● 곤충들은 추운 겨울을 어떻게 지낼까? 그 모양은 곤충의 종류마다 다르다. 알로 겨울을 나기도 하고 애벌레, 번데기, 어른벌레로 겨울을 나기도 한다. 가을에 죽지 않고 살아남은 어른벌레는 알을 낳을 때 애벌레가 바로 먹을 수 있도록 먹이 가까이에 알을 낳는다.

천막벌레나방의 알

사향제비나비의 번데기

암고운부전나비의 알

흑백알락나비의 애벌레

유리창나비의 번데기

식물자료

- 나무
- 꽃
- 풀

소나무 [소나무과] 솔나무

꽃

싹

씨

늘푸른큰키나무. 산에서 높이 35m 정도 자라며 나무껍질은 적갈색이다. 잎은 바늘잎이며 짧은 가지에 2개씩 뭉쳐 난다. 꽃은 암 수 한그루고 5월에 피며, 수꽃은 노랑색 타원형이고 새 가지의 밑 부분에 달리며, 암꽃은 자주색 달걀 모양이고 새 가지 끝에 달린다. 열매는 달걀 모양이고 다음해 9~10월에 황갈색으로 익는다. 씨는 타원형이고 날개가 있다.

잣나무 [소나무과]

꽃

싹

잣

늘푸른큰키나무. 산지에서 높이 20~30m 자라며 나무껍질은 암갈색이다. 잎은 바늘잎이고 5개씩 뭉쳐 나며 열매 가장자리에 잔 톱니가 있다. 꽃은 암 수 한그루고 5월에 피며, 수꽃 이삭은 새 가지 밑에 달리며 암꽃이삭은 가지 끝에 달린다. 열매는 구과이고 긴 달걀 모양이며 다음 해 10월에 익는다.

느티나무 [느릅나무과]

갈잎큰키나무. 산기슭이나 마을 부근에서 높이 25m 정도 자란다. 잎은 어긋나고 긴 타원형이며 가장자리에 톱니가 있다. 꽃은 암 수 한그루고 4~5월에 피며, 수꽃은 새 가지 밑에 모이고 암꽃은 새 가지 위에 1송이씩 달린다. 열매는 핵과이고 납작한 공 모양이며 10월에 익는다. 어린 잎을 떡에 섞어 쪄서 먹는다.

느티나무 잎

측백나무 [측백나무과]

늘푸른큰키나무. 인가 부근에 심으며 높이 10m 정도 자란다. 잎은 비늘같이 생기고 마주 나거나 3개씩 두루 달리고, 어릴 때는 바늘잎이지만 성장 후에는 비늘 같이 부드럽게 되는 것도 있다. 꽃은 암수 한 그루고 짧은 가지 끝이나 잎 겨드랑이에 달린다. 열매는 구과이고 목질이며 씨에 날개가 있다. 잎과 가지와 씨를 약재로 쓴다.

어린 열매

은행나무 [은행나무과]

가까이 본 열매.
속에 싸인 은행이
들어있다.

갈잎큰키나무. 높이 5~10m이나 40m 정도까지 자라는 것도 있다. 잎은 어긋나고 부채꼴이며 잎맥은 2개씩 갈라진다. 꽃은 암수 딴그루이며 4월에 피고 잎과 함께 짧은 가지에 달린다. 열매는 핵과이고 10월에 노란색으로 익으며, 공 모양이고 씨는 달걀 모양이다. 열매의 겉 껍질에서는 역한 냄새가 난다. 씨를 식용하고 잎과 씨를 약재로 쓴다.

씨(은행)

열매

전나무 [소나무과]

늘푸른큰키나무. 산지에서 높이 40m 정도 자란다. 잎은 바늘잎이고 끝이 뾰족하다. 꽃은 암수 한 그루고 4월에 피며, 수꽃은 황록색 원통 모양이고 암꽃은 타원형이며 2~3개씩 달린다. 열매는 구과이고 원통 모양이며 10월에 익는다. 씨는 달걀 모양의 삼각형이고 연한 갈색이다.

어린 열매

산딸나무 [층층나무과]

갈잎큰키나무. 산에서 높이 7~12cm 자라며 가지가 층을 이루면서 퍼진다. 잎은 마주 나고 달걀 모양이며 뒷면에 털이 난다. 꽃은 6월에 흰색으로 피고 가지 끝에 20~30송이씩 모여 달린다. 꽃잎은 없고 흰색 총포 4개가 꽃잎처럼 보인다. 열매는 취과이고 둥글게 모여 덩이를 이루며 10월에 붉은색으로 익으며 열매를 먹는다.

익은 열매

주목 [주목과]

늘푸른큰키나무. 높은 산에서 높이 20m 정도 자란다. 잎은 선형이며 옆으로 벋은 가지에서는 깃털처럼 2줄로 배열한다. 꽃은 암수한그루고 4월에 피며, 잎겨드랑이에 1송이씩 달리는데, 수꽃은 갈색이고 비늘조각에 싸여 있으며, 암꽃은 녹색이고 달걀 모양이다. 열매는 핵과이고 과육은 씨의 일부만 둘러싸며 9~10월에 붉게 익는다.

뽕나무 [뽕나무과]

뽕나무과에 딸린 갈잎큰키나무로 높이는 3~5m 정도이다. 잎은 어긋나며 끝이 뾰족한 달걀 모양으로 가장자리에 톱니가 있다. 잎자루는 길이가 2~3cm 정도이다. 암수 딴그루로 4~6월에 잎과 함께 엷은 녹색의 꽃이 이삭 모양으로 잎겨드랑이에서 핀다. 열매를 오디라고 하는데 갸름하고 오돌토돌하다. 오디는 빨갛게 익다가 완전히 익으면 검은 자주색으로 변한다. 뽕나무 잎은 누에의 먹이가 되고 뿌리는 이뇨제로 쓰인다.

◀ 뽕나무의 열매인 오디

▲ 까맣게 익은 오디

산뽕나무의 잎 ▲

다래나무 [다래나무과]

갈잎덩굴나무. 산지 숲 속에서 길이 7m 정도 자란다. 줄기는 계단 모양으로 층이 지고 햇가지에 잔털이 난다. 꽃은 5~6월에 피며 잎은 어긋나고 넓은 달걀 모양이며 10월에 황록색으로 익는다. 열매를 날것으로 먹을 수 있다.

꽃

열매

상수리나무 [참나무과] 참나무

상수리나무꽃

상수리

도토리(갈참나무 열매)

상수리나무 수꽃

상수리나무 열매

갈잎큰키나무. 산기슭에서 높이는 20~25m 자란다. 잎은 어긋나고 넓은 피침형이며 뒷면은 윤기가 있다. 꽃은 암수한그루고 5월에 잎 겨드랑이에 달리는데, 수꽃 이삭은 밑으로 처지고 암 꽃이삭은 곧추선다. 열매는 견과이고 둥글며 10월에 익는다. 열매는 먹을 수 있으며 약재로도 쓴다.

떡갈나무 [참나무과 (너도밤나무과)]

갈잎큰키나무. 산지에서 높이 20m 정도 자라며 작은 가지에 별 모양의 털이 많이 난다. 잎은 어긋나고 두꺼우며 달걀 모양이다. 꽃은 암수 한 그루고 5월에 피며 잎 겨드랑이에 달리는데, 수꽃 이삭은 밑으로 늘어지고 암꽃은 위로 곧추선다. 열매는 견과이고 긴 타원형이며 10월에 익는다.

열매

향나무 [측백나무과] 노송나무

늘푸른큰키나무. 높이 20m 정도 자란다. 잎은 마주나거나 돌려나고 빽빽하게 달린다. 꽃은 암수한그루로 4월에 피며, 수꽃은 노랑색이고 가지 끝에서 긴 타원형을 이루며, 암꽃은 교대로 마주 달린 비늘조각 안에 있다. 열매는 구과이고 다음 해 9~10월에 흑자색으로 익는다.

열매

미루나무 [버드나무과]

갈잎떨기나무. 북아메리카가 원산지이고 가로수로 많이 심으며 높이 30m 정도 자란다. 나무껍질이 터져서 검은빛이 도는 짙은 갈색이 된다. 잎은 세모진 달걀 모양이고 가장자리에 톱니가 있으며, 밑부분에 2~3개의 꿀샘이 있다. 꽃은 3~4월에 핀다. 열매는 삭과이고 5월에 익으며 씨에 털이 많다.

잎

진달래 [진달래과]

갈잎떨기나무로서 가지 끝에 분홍이나 연분홍색 꽃이 4월에 핍니다. 꽃은 갈때기 모양이며 끝이 다섯 개로 갈라집니다. 잎은 어긋나고 긴 타원 모양입니다. 산기슭이나 소나무 숲 아래에서 자라는 떨기 나무입니다. 특히 북쪽 산기슭에 많이 자랍니다. 잎보다 먼저 꽃이 핍니다. 꽃은 '참꽃' 또는 '두견화'라고 하며, 먹을 수 있고, 진달래술을 담그기도 합니다. 잎이 넓은 것을 왕진달래, 작은 가지와 잎에 털이 있는 것을 털진달래라고 합니다.

꽃봉우리

활짝핀 꽃

갯버들 [버드나무과]

갈잎떨기나무. 계곡이나 강 등 물가에서 높이 1~2m 자란다. 잎은 넓은 피침형이고 양끝이 뾰족하며 가장자리에 톱니가 있다. 꽃은 잎이 나기 전인 4월에 잎 겨드랑이에서 어두운 자주색으로 핀다. 열매는 삭과이고 긴 타원형이며, 털이 있고 4~5월에 익는다.

산수유나무 [층층나무과]

갈잎큰키나무. 산지나 인가 부근에서 재배하며 높이 4~7m 자란다. 나무껍질이 불규칙하게 벗겨지고 연한 갈색이다. 잎은 마주나고 달걀 모양이며 가장자리가 밋밋하다. 꽃은 잎이 나기 전인 3~4월에 20~30송이가 무리지어 노란색으로 핀다. 열매는 핵과이고 타원형이며, 겉면이 윤이 나고 8~10월에 붉게 익는다.

꽃

열매

오갈피나무 [두릅나무과]

가시오갈피 꽃

갈잎떨기나무. 산과 들에서 키 3~4m 자라며 가지가 많아 사방으로 퍼진다. 잎은 어긋나고 손바닥 모양의 겹잎이며, 작은 잎은 달걀 모양이고 가장자리에 겹톱니가 있다. 꽃은 8~9월에 자주색으로 피고 가지 끝에 모여 달린다. 열매는 장과이고 타원형이며 10월에 검은색으로 익는다. 어린 잎을 식용하고 뿌리와 나무 껍질을 약재로 쓴다.

가시오갈피 익은 열매

가시오갈피 열매

가시오갈피 익은 열매

구기자나무 [가지과]

갈잎떨기나무. 마을 근처에 둑이나 냇가에서 높이 1~2m 자란다. 줄기는 비스듬히 자라고 끝이 밑으로 처진다. 꽃은 종 모양이며 6~9월에 자줏빛으로 피고 잎 겨드랑이에 1~4송이 달린다. 열매는 장과이고 타원형이며, 8~9월에 붉게 익는다. 어린 순을 먹고 열매는 약재로 쓴다.

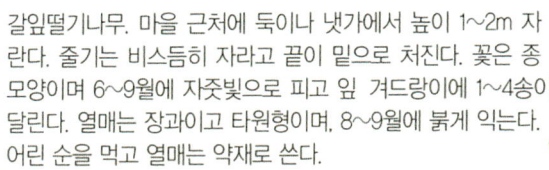

가까이 본 꽃

머루 [포도과]

갈잎덩굴나무. 산기슭 숲 속에서 길이 10m 정도 자란다. 덩굴손이 나와 다른 식물이나 물체를 휘감는다. 잎은 어긋나고 가장자리에 톱니가 있으며 뒷면에 적갈색 털이 빽빽하게 난다. 꽃은 암수 딴그루이며 5~6월에 황록색으로 피고, 잎과 마주나온 꽃줄기에 여러 송이가 모여 달린다. 열매는 장과이고 9~10월에 흑자색으로 익는다. 열매는 식용하거나 약재로 쓴다.

가래나무 [가래나무과]

갈잎큰키나무. 산기슭의 양지쪽에서 높이 20m 정도 자란다. 잎은 깃털 모양이고 작은 잎은 긴 타원형이며 가장자리에 잔톱니가 있다. 꽃은 암수 한 그루고 4월에 핀다. 열매는 핵과이고 달걀 모양이며 9월에 익는다. 열매와 어린 잎을 식용한다.

어린 열매

익은 열매

함박꽃나무

열매

밤나무 [참나무과]

갈잎큰키나무. 산기슭이나 밭둑에서 높이 10~15m 자란다. 잎은 어긋나고 곁가지에 2줄로 늘어서며 긴 타원형이다. 꽃은 암수 한 그루며 6월에 잎 겨드랑이에서 흰색으로 피고, 수꽃은 이삭처럼 달리고 암꽃은 그 밑에 2~3송이가 달린다. 열매는 견과이고 9~10월에 익으며, 가시가 많은 밤송이에 1~3개씩 들어 있다.

함박꽃나무 [목련과] 산목련

갈잎중키나무. 깊은 산 골짜기의 숲 속에서 높이 7m 정도 자라며, 어린가지와 겨울눈에 털이 있다. 잎은 어긋나고 끝이 뾰족한 달걀 모양이며 잎맥에 털이 있다. 꽃은 5~6월에 흰색으로 핀다. 열매는 집과이고 9~10월에 익으며, 씨는 매달린 타원형의 적색 씨가 나온다.

함박꽃

열매

찔레나무 [장미과]

가지에 날카로운 가시가 있습니다. 작은 잎은 타원 모양 또는 달걀을 거꾸로 세운 모양이며 양 끝이 좁고 가장자리에 잔 톱니가 있습니다. 꽃은 5월에 흰색 또는 연한 붉은색으로 핍니다. 산기슭이나 볕이 잘 드는 냇가와 골짜기에서 자라는 떨기나무로 들장미라고도 합니다. 꽃은 향기가 워낙 좋아서 꽃잎을 모아 주머니에 넣고 다니기도 했으며, 가을에 둥근 모양의 열매가 붉게 익습니다. 한방에서는 열매를 영실이라는 약재로 쓰기도 합니다.

흰색 꽃 | 분홍색 꽃 | 열매

아까시나무 [콩과]

갈잎큰키나무. 산과 들에서 높이 25m 정도 자라며 잎이 변한 가시가 있다. 잎은 어긋나고 깃털 모양의 겹잎이며, 작은 잎은 타원형이다. 꽃은 나비 모양이며 5~6월에 흰색으로 피고, 어린 가지의 잎 겨드랑이에서 모여 달린다. 열매는 협과이고 납작한 선형이며 9월에 익는다.

회양목 [회양목과]

늘푸른떨기나무. 산지의 석회암 지대에서 높이 7m 정도 자란다. 잎은 마주나고 타원형이며, 끝이 둥글고 뒤로 젖혀진다. 꽃은 암수 한 그루고 4~5월에 노란색으로 피며, 줄기 끝이나 잎 겨드랑이에 달린다. 열매는 삭과이고 타원형이며 6~7월에 갈색으로 익는다.

가까이 본 열매

자귀나무 [콩과]

갈잎중키나무. 산기슭 양지에서 높이 3~5m 자란다. 잎은 어긋나고 깃꼴겹잎이며 작은잎은 낫 모양이다. 꽃은 6~7월에 연분홍색으로 피고 작은 가지 끝에 15~20송이씩 달린다. 25개 정도인 붉은 수술이 꽃처럼 보인다. 열매는 협과이고 9~10월에 익으며, 씨가 5~6개 들어 있다.

꽃봉오리   열매   꽃

구상나무 [소나무과]

늘푸른큰키나무. 산지의 서늘한 숲속에서 높이 18m 정도 자라며 나무 껍질은 잿빛을 띤 흰색이다. 잎은 선형이고 끝이 2갈래이다. 꽃은 암수 한 그루고 4~5월에 핀다. 열매는 구과이고 원통 모양이며, 10월에 갈색으로 익는다. 씨는 달걀 모양이고 날개가 있다.

구상나무

검은구상나무

작살나무 [마편초과]

작살나무

갈잎떨기나무. 산기슭에서 높이 2~4m자란다. 잎은 마주나고 긴 타원형이며 가장자리에는 잔 톱니가 있다. 꽃은 8월에 연한 자줏빛으로 피고 잎겨드랑이에 모여 달린다. 열매는 핵과이고 둥글며 10월에 자주색으로 익는다. 잎은 약재로 쓴다.

털작살나무(새비나무)

좀작살나무

흰작살나무

해당화 [장미과]

새로 난 가지 끝에서 꽃망울이 5~7월에 꽃이 피며 붉은색입니다. 대부분 홑꽃이며 겹꽃도 있습니다. 잎은 깃꼴겹잎입니다. 갈잎큰키나무로 바닷가 모래땅이나 산기슭에서 높이 1~1.5m로 자라며, 갈색 가시와 억센 털이 빽빽이 납니다. 줄기와 가지에 털 같은 가시가 많이 있습니다. 향기가 좋아 꽃과 열매는 향수나 약재의 원료로 쓰입니다.

꽃봉우리

꽃봉우리

활짝 핀 꽃

꽃이 진 상태

열매

135

조팝나무 [장미과]

갈잎떨기나무. 산과 들에서 높이 1.5~2m 자라며 줄기는 무리지어 난다. 잎은 어긋나고 타원형이며 가장자리에 잔톱니가 있다. 꽃은 4~5월에 흰색으로 피고, 잎 겨드랑이에 4~5송이씩 무리지어 가지 윗부분을 덮는다. 열매는 골돌과이고 9월에 익는다. 어린 잎은 나물로 먹는다.

꼬리조팝나무

사철나무 [노박덩굴과]

늘푸른떨기나무. 바닷가 산기슭이나 인가 근처에서 높이 3m 정도 자란다. 잎은 마주 나고 두꺼우며 타원형이다. 꽃은 6~7월에 연녹색으로 피고 잎 겨드랑이에 여러송이가 모여 빽빽하게 달린다. 열매는 삭과이고 둥글며, 10월에 붉게 익으며 4개로 갈라져서 붉은 종피로 싸인 씨가 드러난다.

담쟁이덩굴 [포도과]

갈잎덩굴나무. 바위 또는 나무 줄기에 붙어 길이 10m 이상 벋는다. 잎은 어긋나고 넓은 달걀 모양이며, 덩굴손은 잎과 마주난다. 꽃은 6~7월에 황록색으로 피며 가지 끝과 잎 겨드랑이에서 나온 꽃줄기에 모여 달린다. 열매는 장과이고 둥글며, 흰 가루로 덮여 있고 8~10월에 검게 익는다.

어린 열매

익은 열매

단풍나무 [단풍나무과]

갈잎큰키나무. 산지의 계곡에서 높이 10m 정도 자란다. 잎은 마주 나고 손바닥 모양으로 깊게 갈라지며, 갈래 조각은 넓은 피침형이고 끝이 뾰족하며 가장자리에 겹톱니가 있다. 꽃은 암수 한 그루며 4~5월에 검붉은 색으로 피고 가지 끝에 모여 달린다. 열매는 삭과이고 9~10월에 익는다. 뿌리와 껍질과 가지를 약재로 쓴다.

꽃

열매

할미꽃 [미나리아재비과]

잎은 모여 나며 작은 잎 다섯 장이 커다란 잎을 이룹니다. 작은 잎은 가장자리가 깊이 갈라져 있습니다. 온 몸에 기다란 털이 돋아 있으며 꽃자루가 길게 자랍니다. 기다란 꽃자루 끝에 한 송이씩 아래로 향해 핍니다. 우리 나라 여러 곳의 햇볕이 잘 드는 언덕배기나 산기슭에 납니다. 꽃은 긴 종 모양의 갈래꽃이며 붉은빛을 띤 자주색입니다. 할미꽃은 우리 나라가 원산지인 여러해살이 들꽃입니다. 꽃잎이나 뿌리는 잘 관리하여 약으로도 씁니다.

동강할미꽃

보라색할미꽃

노랑색할미꽃

할미꽃씨

가는잎할미꽃

고사리 [고사리과]

여러해살이풀. 산과 들의 양지 바른 곳에서 자라며 굵은 땅속 줄기가 옆으로 길게 뻗고 군데군데 잎이 나온다. 잎은 곧게 서서 키 1m 정도 자라며, 잎몸은 깃털 모양이고 작은 잎은 긴 타원형이다. 잎의 가장자리가 뒤로 말리고 막처럼 된 포자낭이 달린다. 봄에 나오는 줄기는 나물로 먹는다.

나물로 먹는 고사리순

잎

얼레지 [백합과]

여러해살이풀. 산지의 숲 그늘에서 키 25~30cm 자란다. 잎은 밑동에서 2장이 마주나고 긴 타원형이며 자주색 무늬가 있다. 꽃은 4~5월에 홍자색으로 피고 잎 사이에서 나온 꽃 줄기 끝에 1송이씩 달린다. 꽃잎은 6장이고 밑 부분에 W형의 무늬가 있다. 열매는 삭과이고 넓은 타원형이며 7~8월에 익는다. 잎을 먹고 비늘 줄기는 약재로 쓴다.

꽃

민들레 [국화과]

여러해살이풀로 산과 들의 양지 바른 곳에 납니다. 꽃은 4~5월에 피며, 꽃이 지면 씨가 여물면서 갓털이 생깁니다. 잎은 뿌리에서 모여나며 옆으로 퍼집니다. 토종 민들레는 싹이 터서 꽃을 피우기까지 여러해가 걸리지만, 서양 민들레는 싹이 트는 그해 꽃이 피고 씨를 맺습니다. 갓털에 달린 씨가 바람에 날려 널리 퍼집니다. 주위에 다른꽃이 없어도 스스로 꽃가루받이를 합니다.

● 민들레 씨의 자람

씨가 바람에 달려
번식한다.

흰민들레

서양민들레

냉이 [십자화과]

십자화과에 딸린 두해살이풀로 우리 나라 각지의 길가나 밭에서 자란다. 높이는 10~50cm이며, 전체에 털이 있고 가지가 많이 갈라진다. 뿌리 잎은 모여 나서 땅 위에 퍼지고 깃 모양으로 갈라진다. 줄기 잎은 어긋나고 잎자루가 없다. 5~6월에 줄기 끝에서 십자 모양의 흰 꽃이 모여 핀다. 봄철의 대표적인 나물로 어린잎과 뿌리는 국을 끓여 먹는다.

구슬갓냉이

황새냉이

곰취 [국화과]

여러해살이풀. 고원이나 깊은 산의 습지에서 키 1~2m 자란다. 뿌리에서 난 잎은 염통 모양이고 가장자리에 톱니가 있으며 잎자루가 길다. 꽃은 7~9월에 노란색으로 피고 줄기 끝에 잔꽃이 모여 달린다. 열매는 수과이고 원통형이며 10월에 익는다. 어린 잎을 나물로 먹는다.

가까이 본 열매

참취(나물취)

금낭화 [양귀비과]

꽃자루가 짧은 꽃이 줄기에 여러 송이가 귀고리처럼 매달려 있습니다. 잎은 어긋나기로 달리며 깃 모양에서 두 갈래로 갈라집니다. 4~5월에 짙은 분홍색 꽃이 핍니다. 우리 나라의 전국에서 자라며, 깊은 산 속의 골짜기에서도 자랍니다. 강인한 식물로 어떤 토양에서도 잘 자랍니다. 중국이 원산지인 여러해살이풀입니다. 집 안 화단에 심어 가꾸며 감상하기도 합니다. 봄에 발아한 묘를 7~8월경에 이식하며 포기나누기나 꺾꽂이로도 가능합니다.

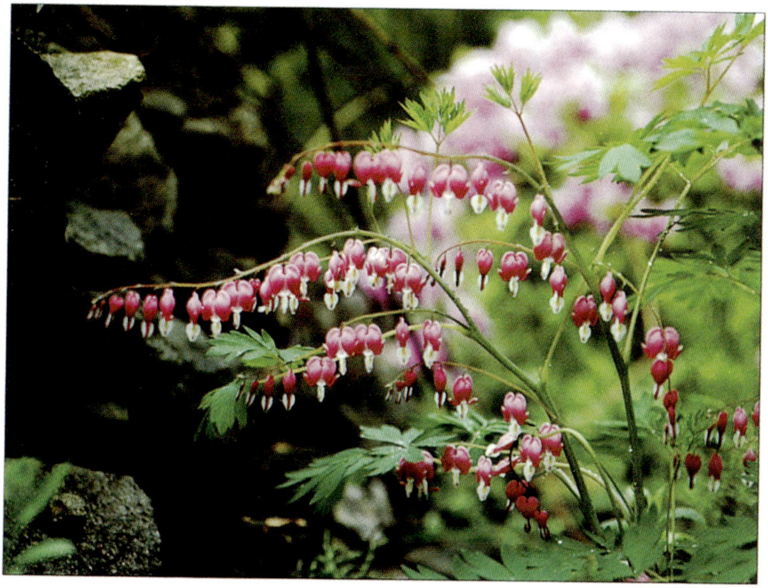

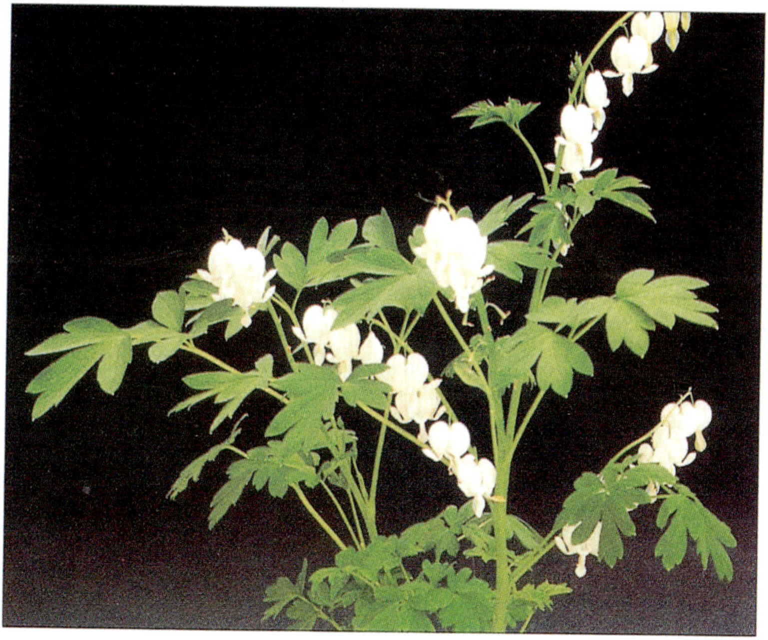

머위 [국화과]

국화과에 딸린 여러해살이풀로 산지의 습기가 많은 곳에서 자라며 땅속 줄기가 사방으로 뻗으면서 번식한다. 잎은 땅속 줄기에서 나오며 둥근 모양이고 가장자리에 불규칙한 톱니가 있다. 잎은 지름 15~30cm이고 잎자루의 길이는 60cm 정도이다. 암수 딴 그루로 4월경에 꽃줄기가 나와 잎이 나기 전에 여러 송이의 꽃이 피는데 수꽃은 황백색, 암꽃은 흰색이다. 잎자루는 삶거나 데쳐서 나물로 먹는다.

피나물 [양귀비과]

여러해살이풀. 산에서 키 30cm 정도 자란다. 줄기를 자르면 황적색 진액이 나온다. 잎은 깃꼴겹잎이고 작은 잎은 넓은 달걀 모양이며 가장자리에 톱니가 있다. 꽃은 4~5월에 노란색으로 피고 잎 겨드랑이에서 나온 꽃줄기 끝에 1송이씩 달린다. 열매는 삭과이고 원기둥 모양이며 7월에 여문다. 전초를 약재로 쓴다.

가까이 본 꽃

애기나리 [백합과]

여러해살이풀. 산지의 숲 속에서 키 15~40cm 자란다. 잎은 어긋나고 긴 달걀 모양이다. 꽃은 4~5월에 흰색으로 피고 꽃잎은 6장이며, 줄기 끝에 1~2송이가 밑을 향해 달린다. 열매는 장과이고 둥글며 6~7월에 검은색으로 익는다. 어린 잎과 줄기를 나물로 먹는다.

애기나리 열매

큰애기나리

큰애기나리 꽃

큰애기나리 열매

금강애기나리(진부애기나리)

족도리풀 [쥐방울덩굴과]

여러해살이풀. 산지 숲에서 자란다. 잎은 땅 속의 뿌리줄기에서 2장씩 나며 잎자루가 길고 염통 모양이다. 꽃은 4~5월에 검은 자주색으로 피고 잎 사이에 1송이씩 달린다. 꽃받침은 항아리 모양이고 윗부분이 삼각형으로 갈라져 꽃잎처럼 보인다. 열매는 장과 모양이고 씨가 20개 정도 들어 있다. 뿌리를 약재로 쓴다.

가까이 본 꽃

앵초 [앵초과]

잎은 잎자루가 있고 그 끝에 타원형을 한 긴 심장골 잎이 붙어있습니다. 잎가장자리에 둔한 톱니가 있고 끝은 둥글며 잎 전체에 긴 털이 있습니다. 꽃은 연한 홍색, 분홍색, 연보라색, 자주색, 흰색으로 4~5월에 핍니다. 산과 들의 계곡이나 습지에서 자랍니다. 정원에서 관상용으로 심어 기르기도 합니다. 줄기 끝에 우산 모양을 한 꽃이 달리며 직사 광선에 약하고 반 그늘진 곳에 잘자라며 여러해살이풀로 전체에 많은 털이 있습니다. 약효가 있어 거담제, 천식에 이용하기도 합니다.

큰앵초

설앵초

고산봄맞이

개량형 앵초

앵초

꽃다지 [십자화과]

두해살이풀. 들이나 밭의 양지바른 곳에서 키 20cm 정도 자란다. 전체에 짧은 털이 빽빽하게 난다. 뿌리에서 난 잎은 모여 나고 주걱 모양이다. 줄기에 난 잎은 어긋나고 긴 타원형이다. 꽃은 3~5월에 노란색으로 피고 줄기 끝에 모여 달린다. 열매는 각과이고 긴 타원형이며 7~8월에 익는다. 어린 잎을 나물로 먹는다.

별꽃 [석죽과]

개별꽃

두해살이풀. 밭이나 길가에서 키 20cm 정도 자라며, 줄기에 1줄의 털이 있다. 잎은 마주나고 달걀 모양이며 가장자리는 밋밋하다. 꽃은 5~6월에 흰색으로 피고, 줄기 끝에 난 꽃줄기에 여러 송이가 모여 달린다. 꽃잎은 5장이고 깊게 갈라진다. 열매는 삭과이고 달걀 모양이며 8~9월에 익는다.

복수초 [미나리아재비과]

노란색 꽃잎이 20~30장 달려 있으며, 꽃은 2~4월에 핍니다. 뿌리에서 나온 잎은 원줄기를 감싸고 줄기에서 나온 잎은 서로 어긋나게 나옵니다. 땅속 뿌리가 잘 발달한 여러해살이풀입니다. 햇볕을 좋아하여 다른 식물이 자라기 전 이른 봄에 꽃을 피웁니다. 대부분 꽃이 잎보다 먼저 피지만 제주도에서는 잎과 꽃이 같이 나옵니다. 약효로는 관절염, 신경 쇠약, 이뇨 작용, 종창 치료제로 쓰입니다.

새싹

활짝 핀 꽃

열매

눈 위의 꽃

당개지치

당개지치 [지치과]

여러해살이풀. 산지의 그늘진 습지에서 키 40cm 정도 자란다. 잎은 어긋나고 넓은 타원형이며 겉과 가장자리에 흰 털이 있다. 꽃은 5~6월에 자주색으로 피고 줄기 끝에 여러 송이가 달린다. 열매는 분과이고 8~9월에 검은색으로 익는다.

반디지치

꿀풀 [꿀풀과]

꿀풀과에 딸린 여러해살이풀로 우리 나라 각지의 들이나 산기슭 양지에서 자란다. 높이는 20~30cm 정도이고 전체에 짧은 흰 털이 있다. 줄기는 네모졌으며 꽃이 진 다음 밑에서 옆 가지가 뻗는다. 잎은 마주 나고 긴 타원형이며 톱니가 있다. 5~8월에 자주색 꽃이 이삭 모양으로 모여 핀다. 열매는 작고 딱딱한 껍질에 싸여 있으며 한 개의 씨가 들어 있다. 어린 순은 나물로 먹기도 하며, 식물 전체를 말린 것은 한방에서 이뇨제, 연주창 등에 쓰인다.

가까이 본 꽃

미나리아재비 [미나리아재비과]

여러해살이풀. 산과 들의 습기가 있는 곳에서 키 50~70cm 자라며 흰색 털이 빽빽하게 난다. 잎은 깃털 모양으로 갈라지며 가장자리에 톱니가 있다. 꽃은 6월에 짙은 노란색으로 피고 줄기 끝에 여러 송이가 모여 달린다. 열매는 수과이고 여러 개가 모여 별 모양의 열매 덩이를 만든다. 전체를 약재로 쓴다.

꽃

가까이 본 꽃

개별꽃 [석죽과]

여러해살이풀. 밭이나 길가에서 키 20cm 정도 자라며, 줄기에 1줄의 털이 있다. 잎은 마주나고 달걀 모양이며 가장자리는 밋밋하다. 꽃은 5~6월에 흰색으로 피고, 줄기 끝에 난 꽃줄기에 여러 송이가 모여 달린다. 꽃잎은 5장이고 깊게 갈라진다. 열매는 삭과이고 달걀 모양이며 8~9월에 익는다.

참개별꽃

개별꽃

처녀치마 [백합과]

잎은 방석처럼 땅 위에 사방으로 퍼지고 끝 쪽은 뾰족해집니다. 잎 가장자리에 가시 같은 미세한 톱니가 있습니다. 중심부에서 10cm정도의 꽃대가 올라와 끝에 10송이 정도 뭉쳐 핍니다. 산의 약간 습기가 있는 응달의 부엽질이 풍부하고 비옥한 토질에서 자라는 다년생 식물입니다. 봄부터 여름에 걸쳐 홍자색 또는 흰색의 꽃이 피는 여러해살이풀입니다. 겨울에도 푸른 잎을 유지하며 울릉도를 비롯해 전국에 널리 분포되어 있습니다.

자주처녀치마

처녀치마

잎이 치마와 같다하여 처녀치마라합니다

흰처녀치마

처녀치마 새싹

가락지나물 [장미과]

장미과에 딸린 여러해살이풀로 우리 나라 각지들의 습지에서 저절로 난다. 높이는 30~60cm이며 줄기는 비스듬히 자란다. 잎은 5개의 작은 잎으로 된 겹잎이며 작은 잎은 긴 타원형으로 거친 톱니가 있다. 5~7월에 줄기 끝에서 노란색 꽃이 모여 핀다. 열매는 둥글고 매끈하며 붉은색으로 익는다. 봄에 어린 잎을 따서 나물로 먹는다.

잎

매발톱꽃(흰색 꽃)

매발톱꽃 [미나리아재비과]

여러해살이풀. 산골짜기 양지쪽에서 키 1m 정도 자란다. 줄기의 윗부분이 조금 갈라진다. 잎은 깃꼴 겹잎이고 작은 잎은 다시 깊게 갈라지며, 뒷면은 흰색이고 잎 자루가 길다. 줄기에 달린 잎은 위로 올라갈수록 잎자루가 짧아진다. 꽃은 6~7월에 자줏빛을 띤 갈색으로 피고, 가지 끝에서 아래를 향해 달린다. 열매는 개과이고 5개이며 8~9월에 익는다.

산매발톱(하늘매발톱)

매발톱꽃

나리 [백합과]

곧게 뻗은 줄기의 가지 끝에 나팔 모양의 꽃이 아래를 향해 매달려 있습니다. 꽃잎은 뒤로 말려 있고 암술과 수술이 길게 나와 있습니다. 주황색 꽃잎에 검은 점이 많이 있습니다. 7~8월에 꽃이 핍니다. 우리 나라의 전국에서 나며, 낮은 산의 풀밭이나 들에서 자랍니다. 집안 꽃밭에 심어 가꾸며 감상하기도 합니다. 백합의 한 종류로 여러해살이 풀입니다. 땅 속 비늘 줄기에 양분을 저장합니다. 참나리, 하늘나리, 말나리, 솔나리, 땅나리 등이 있습니다.

참나리

솔나리
땅나리
늘나리
중나리
솔나리
노랑땅나리
참나리

씀바귀 [국화과]

벌씀바귀

씀바귀의 꽃

흰꽃이 핀 씀바귀

여러해살이풀. 산과 들에서 키 25~50cm 자란다. 가지를 자르면 쓴맛이 나는 흰 즙이 나온다. 뿌리에서 난 잎은 피침형이고 줄기에 난 잎은 밑 부분이 원줄기를 감싼다. 꽃은 5~7월에 노란색으로 피고 줄기끝에 5~7송이가 달린다. 열매는 수과이고 연노란색 관모가 있다. 뿌리와 어린 잎은 나물로 먹고 전체를 약재로 쓴다.

토끼풀 [콩과]

여러해살이풀. 유럽이 원산지이며 키 20~30cm 자란다. 땅 위로 벋어 가는 줄기 마디에서 뿌리가 내리며 잎은 드문드문 달린다. 잎은 3장으로 된 겹잎이고 작은 잎은 넓은 달걀 모양이며 잎자루가 길다. 꽃은 6~7월에 흰색으로 피고 긴 꽃줄기 끝에 모여 둥글게 달린다. 열매는 협과이고 선형이며, 9월에 익고 씨가 4~6개 들어있다.

붉은토끼풀(레드클러버)

기린초 [돌나물과]

여러해살이풀. 산지의 바위 위에서 키 5~30cm 자란다. 뿌리가 비대하며 줄기는 뭉쳐 난다. 잎은 어긋나고 긴 타원형이며, 가장자리에 둔한 톱니가 있고 육질이다. 꽃은 6~7월에 노란색으로 피고 원줄기 끝에 많이 모여 달린다. 열매는 골돌과이고 9월에 익는다. 어린 잎은 식용한다.

가까이 본 꽃

금매화 [미나리아재비과]

여러해살이풀. 높은 산 습지에서 키 40~80cm 자란다. 잎은 둥근 염통 모양이고 깃털처럼 갈라지며 가장자리에 톱니가 있다. 꽃은 7~8월에 황색으로 피고 원줄기와 가지 끝에 1송이씩 달린다. 열매는 골돌과이고 모여 달린다.

가까이 본 꽃

뱀딸기 [장미과]

덩굴이 옆으로 뻗으면서 마디에서 뿌리가 내립니다. 잎은 어긋나고 달걀 모양이며 가장자리에 톱니가 있습니다. 풀밭이나 밭둑 혹은 논둑에서 자라며, 줄기는 20cm정도 입니다. 꽃은 4~5월에 노란색으로 피며 잎 겨드랑이에서 나온 긴 꽃줄기 끝에 한송이씩 달립니다. 열매는 둥글며 6월에 붉게 익는 여러해살이풀입니다. 열매는 먹을 수 있습니다.

멍석딸기

뱀딸기꽃

붉은가시딸기 꽃

줄딸기

으아리 [미나리아재비과]

갈잎덩굴나무. 산기슭과 들에서 길이 2m 정도 자란다. 잎은 마주 나고 5~7장으로 된 깃꼴 겹잎이며 작은 잎은 달걀 모양이다. 잎자루는 덩굴손처럼 구부러진다. 꽃은 6~8월에 흰색으로 피고, 줄기 끝이나 잎 겨드랑이에 모여 달린다. 열매는 수과이며 달걀 모양이고, 9월에 익으며 털이 난 암술대가 꼬리처럼 달린다. 어린 잎은 식용하고 뿌리는 약재로 쓴다.

큰 꽃 으아리

구름송이풀

구름송이풀 [현삼과]

여러해살이풀. 높은 산에서 키 5~15cm 자라며 원줄기에 부드러운 털이 있다. 잎은 돌려나고 깃꼴겹잎이며 가장자리에 톱니가 있다. 꽃은 7~8월에 적자색으로 피고 줄기 끝에 모여 달린다. 열매는 삭과이고 10월에 익으며, 끝이 길고 뾰족하다. 어린 잎을 먹는다.

나도송이풀

흰송이풀

엉겅퀴 [국화과]

잎은 타원형이고 깃털 모양으로 갈라지며, 밑동은 줄기를 감싸고 가장자리에 톱니와 가시가 있습니다. 여름철 들판에서 핀 엉겅퀴 꽃은 무척 아름답습니다. 산이나 들에서 키 50~100cm로 자라며 전체에 흰 털이 있습니다. 진한 자주색 꽃방망이가 꽤 큼직하고 탐스럽습니다. 꽃은 6~8월에 붉은색, 자주색, 흰색으로 피는 여러해살이풀입니다. 열매는 타원형이며 9월에 익습니다. 어린 잎은 식용으로 쓰이고 전체를 약재로 쓰입니다. 스코틀랜드의 국화입니다.

둥굴레 [백합과]

열매는 8월에 까맣게 익는다.

여러해살이풀. 산과 들에서 키 30~60cm 자란다. 잎은 어긋나고 긴 타원형이며 한 쪽으로 치우쳐서 퍼진다. 꽃은 종 모양이며 6~7월에 녹색빛을 띤 흰색으로 피고 잎 겨드랑이에 1~2송이씩 달린다. 열매는 장과이고 둥글며 9~10월에 검게 익는다. 어린 잎과 뿌리줄기를 식용한다.

둥굴레 꽃    둥굴레 열매

괭이밥 [괭이밥과]

여러해살이풀. 밭이나 길가, 빈 터에서 키 10~30cm 자라며 전체에 가는 털이 난다. 잎은 어긋나고 3갈래진 겹잎이며, 작은 잎은 염통 모양이고 잎자루가 길다. 꽃은 5~9월에 노란색으로 피고, 잎 겨드랑이에서 나온 긴 꽃줄기 끝에 1송이씩 달린다. 열매는 삭과이고 원기둥 모양이며 9월에 익는다. 어린 잎은 식용한다.

노랑괭이밥

자주괭이밥

큰괭이밥 열매

쇠뜨기 [속새과]

여러해살이풀. 풀밭에서 자라며 땅속줄기가 길게 뻗는다. 이른 봄에 나오는 생식 줄기 끝에 타원형인 포자낭 이삭이 달린다. 마디에 비늘 같은 연한 갈색 잎이 돌려난다. 영양 줄기는 생식 줄기가 스러질 무렵에 나오는데, 마디에 가지와 비늘 같은 잎이 돌려 난다. 생식 줄기를 뱀밥이라고 부른다.

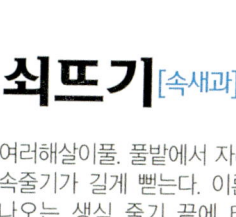

은방울꽃 [백합과]

잎은 밑동에서 2장이 마주나고 긴 타원형입니다. 꽃은 종 모양이며 5~6월에 흰색으로 피어 은방울꽃이라 합니다. 산기슭의 낙엽수림 밑에 무리를 지어 싹이 나며 키 25~35cm로 자랍니다. 여러해살이풀로 넓은 잎은 두 장이며, 타원형이고 잎 사이로 꽃대가 올라오며, 꽃은 향기가 매우 좋습니다. 어린 잎은 식용으로 사용하며, 열매는 가을에 붉게 익습니다.

향수

꽃의 향기는 나비와 벌뿐만 아니라 사람까지도 매혹합니다. 계곡의 백합과 은방울꽃, 장미꽃은 향수와 비누를 만듭니다.

계곡의 백합꽃들은 매혹적인 향기를 뿜어요. 은방울 꽃도 향기가 좋아요.

까마중 [가지과]

한해살이풀. 밭이나 길 가에서 키 20~90cm 자란다. 잎은 어긋나고 달걀 모양이며 가장자리에 물결 모양의 톱니가 있다. 꽃은 5~9월에 흰색으로 피고 줄기에서 나온 긴 꽃 줄기에 3~8 송이가 모여 달린다. 열매는 장과이고 둥글며 7월부터 검게 익는데. 단맛이 나지만 약간 독성이 있다.

제비꽃 [제비꽃과]

꽃은 4~5월에 핍니다. 잎 사이에 난 꽃줄기 끝에 보라색 또는 자주색 꽃이 핍니다. 꽃잎은 다섯 장이며 크기가 각각 다릅니다. 잎은 뿌리에서 모여 나기로 납니다. 여러해살이풀로 평지나 낮은 산기슭, 들판, 밭둑 등 햇볕이 잘 드는 곳에서 자랍니다. 꽃의 모양과 빛깔이 제비와 비슷하여 제비꽃이라고 이름을 붙였습니다. 오랑캐꽃, 반지꽃, 앉은뱅이꽃, 장수꽃 등 여러 가지 이름이 있습니다. 그리스의 나라 꽃이기도 합니다.

열매 · 태백제비꽃 · 노랑제비꽃

붓꽃 [붓꽃과]

잎 사이에서 꽃줄기가 나와 보라색 꽃이 5~6월에 핍니다. 잎은 긴 칼 모양으로 뿌리 줄기에서 모여 납니다. 꽃봉우리가 붓처럼 생겼다고 하여 붓꽃이라 부릅니다. 여러해살이풀로 산기슭 혹은 골짜기나 들의 습기가 많은 풀밭에서 자랍니다. 꽃이 아름다워 온실에서 기르기도 합니다. 씨앗을 뿌려 가꾸기도 하고 포기나누기를 하기도 합니다. 뿌리 줄기가 옆으로 뻗어 새싹이 나고 잔뿌리가 많이 내립니다. 붓꽃은 꽃창포와 비슷하게 생겼습니다.

꽃이 활짝 핀 모양

붓 모양의 꽃줄기

칼집 모양인 각시붓꽃

노랑 무늬붓꽃

붓꽃

부채붓꽃

타래붓꽃

광대나물 [꿀풀과]

두해살이풀. 풀밭이나 습한 길가에서 키 30cm 정도 자란다. 잎은 마주 나고 가장자리에 톱니가 있으며, 위쪽 잎은 잎자루가 없고 양쪽에서 줄기를 완전히 둘러싼다. 꽃은 4~5월에 붉은색으로 피고 잎 겨드랑이에 여러 송이가 돌려난 것처럼 달린다. 열매는 소견과이고 달걀 모양이며 전체에 흰 반점이 있고 7~8월에 익는다. 어린 잎을 나물로 먹는다.

광대나물 잎과 꽃

광릉골무꽃

광대나물

골무꽃 [꿀풀과]

여러해살이풀. 산과 들의 숲 가장자리 그늘에서 키 30cm 정도 자라며 전체에 짧은 털이 난다. 잎은 마주 나고 염통 모양이며 가장자리에 둔한 톱니가 있다. 꽃은 5~6월에 자주색으로 피고 줄기 끝부분에 한쪽으로 치우쳐 2줄로 빽빽이 달린다. 열매는 소견과이고 꽃받침에 싸여 있으며 7월에 익는다. 어린 잎을 나물로 먹는다.

자란 [난초과]

잎은 밑 부분에서 5~6장이 서로 감싸 줄기처럼 됩니다. 긴 타원형 잎은 끝이 뾰족하고 주름이 집니다. 꽃은 5~6월에 5~7송이 정도 달립니다. 바닷가 산지 바위틈에 자라며, 기후와 관계 없이 잘 자라는 야생란입니다. 야생란 중에서 햇빛을 가장 좋아하며, 꽃은 홍자색, 흰색 등 다양하고 추위에도 잘 견디며 토양을 가리지 않고 잘 자라는 여러해살이풀입니다.

복륜백화  홍화

백화

191

솜방망이 [국화과]

여러해살이풀. 산지의 양지 쪽에서 키 20~65cm 자라며 원줄기에 흰색 털이 많다. 뿌리에서 난 잎은 타원형이며 줄기에 난 잎은 드물게 달린다. 꽃은 5~6월에 노란색으로 피고 원줄기 끝에 여러 송이가 달린다. 우산 모양의 꽃차례로 꽃이 피며, 열매는 수과이고 원통형이며 6월에 익는다. 어린 잎을 나물로 먹고 꽃은 약재로 사용한다.

가까이 본 꽃

여러송이 꽃

쇠비름 [쇠비름과]

한해살이풀. 밭 근처에서 키 30cm 정도 자란다. 줄기는 붉은 빛이 도는 갈색이고 많은 가지가 비스듬히 옆으로 퍼진다. 잎은 어긋나거나 마주나며 달걀 모양이다. 꽃은 5~8월에 노란색으로 피고 가지 끝에 달린다. 열매는 개과이고 타원형이며 8월에 익는데, 가운데가 옆으로 갈라져서 씨가 나온다.

꽃

창포 [천남성과]

잎은 뿌리에서 뭉쳐나고 긴 선형이며 밑 부분이 서로 싸여서 잎집처럼 되어 있습니다. 잎은 가늘고 길며, 여름에 꽃이 핍니다. 유럽이 원산지이며, 연못가의 습지에서 키 60~90cm로 자라는 여러해살이풀입니다. 꽃은 6~7월에 노란색과 보라색으로 피고 꽃잎이 없으며, 잎처럼 생긴 꽃줄기에 원기둥 모양으로 모여 달립니다. 옛날에 꽃으로 머리를 물드렸으며 땅속 줄기는 약재로 쓰였습니다.

꽃창포

창포와 붓꽃의 비교

꽃창포

붓꽃

박주가리

[박주가리과]

여러해살이덩굴식물. 들판의 풀밭에서 길이 3m 정도 자란다. 줄기를 자르면 흰 젖 같은 유액이 나온다. 잎은 마주 나고 긴 염통 모양이며 뒷면이 뽀얗다. 꽃은 7~8월에 흰색으로 피고 잎 겨드랑이에 모여 달린다. 열매는 골돌과이고 표주박 모양이며, 10월에 익고 사마귀 모양의 돌기가 있다. 연한 잎을 나물로 먹고 잎과 열매를 약재로 쓴다.

박주가리 열매

열매 꼬투리가 터져 나온 씨

도꼬마리 [국화과]

한해살이풀. 들이나 길가에서 키 1.5m 정도 자라며 전체에 억센 털이 많이 나있다. 잎은 넓은 삼각형이며 끝이 뾰족하고 잎자루가 길다. 꽃은 8~9월에 노란색으로 피고 가지 끝에 1송이씩 달린다. 열매는 수과이고 넓은 타원형이며 바깥쪽에 갈고리 같은 가시가 있다. 열매는 약재로 쓴다.

가까이 본 열매

원추리 [백합과]

잎은 두 줄로 마주나고 길며 서로 감싸고 있습니다. 긴 꽃대가 잎 사이에서 나와 끝에서 여러 갈래로 짧게 가지를 치며, 그 끝에 꽃 색깔이 노란색이나 등황색이고, 야산의 초원에서 키 1m정도까지 자랍니다. 꽃은 여름에 긴 줄기 끝에 6~8 송이가 피고 깔대기 모양이며, 열매는 10월에 익습니다. 어린 잎은 나물로 먹고 뿌리는 약재로 쓰입니다.

노랑원추리

큰원추리

골잎원추리

애기원추리

골잎원추리

왕원추리

원추리

각시원추리

노랑원추리

애기원추리

노랑원추리

애기원추리

원추리

초롱꽃 [초롱꽃과]

줄기는 꼿꼿이 서고 높이는 30~80cm 크기로 자랍니다. 잎은 서로 어긋나게 자라며 달걀형으로 가장자리에 불규칙한 톱니가 있습니다. 야산이나 들에서 자라는 다년생 식물로 햇빛이 잘 들고 조금 척박한 토양에서 배수 처리가 잘 되는 곳에서 자랍니다. 줄기 윗부분의 잎 겨드랑이에 여러 줄기의 꽃대가 자라며 종 모양의 꽃이 밑을 향해 핍니다. 꽃은 여름에 피며 여러해살이 식물입니다. 어린 잎은 식용으로도 쓰입니다.

금강초롱꽃

흰금강초롱꽃

자주섬초롱꽃

섬초롱꽃

흰섬초롱꽃

자주초롱꽃

바위취 [범의귀과]

늘푸른여러해살이풀. 그늘진 습지에서 키 60cm 정도 자라며, 전체에 적갈색 털이 빽빽하게 난다. 잎은 뿌리 줄기에서 뭉쳐 나며 콩팥 모양이고 가장자리에 톱니가 있다. 꽃은 5월에 흰색으로 피고 꽃줄기에 모여 달린다. 열매는 삭과이고 달걀 모양이며 10월에 익는다. 전체를 약재로 쓴다.

가까이 본 꽃

명아주 [명아주과]

한해살이풀. 들에서 키 1m 정도 자라며 줄기에 녹색 줄이 있다. 잎은 어긋나고 달걀 모양이며 가장 자리에 물결 모양의 톱니가 있다. 꽃은 6~7월에 황록색으로 작은 모양이 이삭으로 피고 줄기 끝에 많이 모여 달린다. 열매는 포과이고 꽃잎에 싸인 납작한 원형이며, 8~9월에 익고 검은색 씨가 들어 있다. 어린 순은 식용. 잎은 강장제로 사용하며 소나 말이 아주 좋아하는 풀이다.

비름 [비름과]

한해살이풀. 인도가 원산지이며 길가나 밭에서 키 1m 정도 자란다. 잎은 어긋나고 넓은 달걀 모양이며 잎 자루가 길다. 꽃은 7월에 피고 줄기 끝과 잎겨드랑이에 모여 이삭처럼 달린다. 열매는 개과이고 타원형이며, 윤기가 나는 흑갈색 씨가 1개씩 들어 있다. 어린 잎은 나물을 만들어 먹는다.

비름의 꽃

진득찰 [국화과]

한해살이풀. 들이나 밭 근처에서 키 35~100cm 자라며 전체에 짧은 털이 성기게 난다. 잎은 마주 나고 달걀 모양이며 가장자리에 톱니가 있다. 꽃은 8~9월에 노란색으로 피고, 가지와 줄기 끝에 많이 모여 달린다. 열매는 수과이고 달걀 모양이며 10월에 익는다. 열매를 약재로 쓴다.

진득찰의 꽃

가까이 본 꽃

꿩의다리 [미나리아재비과]

여러해살이풀. 산기슭의 풀밭에서 키 1m 정도 자란다. 줄기는 속이 비었고 흰 빛을 띤다. 잎은 어긋나고 깃꼴 겹잎이며 작은 잎은 달걀 모양이다. 꽃은 7~8월에 흰색 또는 보라색으로 피고 줄기 끝에 모여 달린다. 열매는 수과이고 타원형이며 9~10월에 익는다. 긴 자루가 있어 밑으로 늘어진다. 어린 잎과 줄기를 식용한다.

가까이 본 꽃

금꿩의다리

쑥 [국화과]

여러해살이풀. 들의 양지바른 풀밭에서 키 60~120cm 자라며 전체에 거미줄 같은 털이 빽빽하게 난다. 잎은 어긋나고 타원형이며 깃털 모양으로 갈라진다. 꽃은 7~9월에 연한 홍자색으로 피고 줄기 끝에 작은 꽃이 모여 달린다. 열매는 수과이고 10월에 익는다. 어린 잎을 식용하고 잎과 줄기는 약재로 쓴다.

가까이 본 잎

천남성 [천남성과]

여러해살이풀. 산지의 그늘진 습지에서 키 15~50cm 자란다. 잎은 1장 달리는데 여러 개로 나뉘며, 작은잎은 양 끝이 뾰족한 긴 타원형이다. 꽃은 암수딴그루며 5~7월에 연한 녹색으로 피고 깔대기 모양의 포 속에 들어 있다. 열매는 장과이고 옥수수 알처럼 달리며 10월에 붉은 색으로 익는다. 알뿌리를 약재로 쓴다.

꽃

어린열매

열매

접시꽃 [아욱과]

꽃은 줄기의 잎 겨드랑이에서 나온 꽃자루에 달립니다. 꽃은 6월에 피며 분홍색, 자주색, 흰색 등 여러 가지입니다. 잎은 줄기에서 어긋나기로 나며 둥근 모양입니다. 끝이 얕게 갈라져 손바닥과 비슷합니다. 아시아가 원산지이며, 두해살이풀로 우리 나라의 전국에서 자라며, 햇볕이 잘 들고 물이 잘 빠지는 곳에서 잘 자랍니다. 꽃은 품종에 따라 홑꽃과 겹꽃이 있으며, 어린 싹은 나물로 먹거나 국을 끓여 먹습니다. 활짝 벌어진 꽃잎이 접시 모양이어서 접시꽃이라고 이름을 붙였습니다.

복주머니난 [난초과]

잎은 넓은 타원형이고 밑부분은 줄기를 감쌉니다. 다년생식물로 근경이 옆으로 뻗으며 마디에서 뿌리를 내리고 잎이 3~5장인 타원형입니다. 깊은 산 고지대의 음지에 자랍니다. 새 눈을 떼어서 분주를 하며, 재배하기가 어려워 번식이 쉽지 않습니다. 여러해살이풀입니다. 여름에 홍자색 꽃이 피고, 열매는 맺지 못하고 뿌리로 번식합니다. 꽃 모양이 주머니 같아서 복주머니 꽃이라고도 합니다. 관상가치가 높습니다. 일본인들이 개불알꽃이라 하였습니다.

칡 [콩과]

갈잎덩굴나무. 산기슭의 양지에서 자라며 전체에 갈색 털이 있다. 잎은 어긋나고 3장으로 된 겹잎이며, 작은 잎은 넓은 달걀 모양이고 가장자리가 얕게 갈라지며 잎자루가 길다. 꽃은 붉은빛을 띤 자주색으로 7월~8월에 피고 잎 겨드랑이에 많이 모여 달린다. 열매는 협과이고 넓은 선형이며, 굵은 털이 있고 9~10월에 여문다. 뿌리는 식용하고 약재로도 쓴다.

꽃

노루귀 [미나리아재비과]

여러해살이풀. 산의 나무 밑에서 자란다. 잎은 뿌리에서 모여 나고 3개로 갈라지며, 갈래잎은 달걀 모양이고 뒷면에 솜털이 많다. 꽃은 잎이 나기 전에 4월에 연홍색 또는 흰색으로 피고, 꽃줄기 위에 1송이씩 달린다. 꽃잎은 없고 꽃잎 모양의 꽃받침이 6~8개 있다. 열매는 수과이고 6월에 익는다. 어린 잎을 나물로 먹는다.

가까이 본 꽃

가까이 본 잎

애기똥풀 [양귀비과] 젖풀

두해살이풀. 마을 부근에서 흔히 나며 키 50cm 정도 자란다. 잎은 마주 나고 깃꼴 겹잎이며, 작은 잎은 긴 타원형이고 가장자리에 톱니가 있다. 꽃은 5~8월에 노란색으로 피고 가지 끝에 여러 송이가 모여 달린다. 열매는 삭과이고 좁은 원기둥 모양이며 9월에 여문다. 어린 잎은 나물로 먹는다.

가까이 본 꽃

줄기의 진액

열매

종덩굴 [미나리아재비과]

갈잎덩굴나무. 그늘지고 습한 숲 속에서 자란다. 잎은 마주나고 5~7장으로 된 겹잎이며 작은 잎은 달걀 모양이고 뒷면에 잔털이 약간 있다. 꽃은 종 모양이며 7~8월에 검은 자줏빛으로 피고, 잎 겨드랑이에 밑으로 처져 달린다. 열매는 수과이고 편평한 타원형이며 9~10월에 익는다. 어린 잎은 식용한다.

◀ 꽃

◀ 열매

메꽃 [메꽃과]

덩굴줄기에서 난 긴 꽃줄기에 한 송이씩 핍니다. 나팔꽃과 비슷하게 생겼으며 연한 분홍색과 붉은색입니다. 꽃은 6~8월에 피고 잎은 어긋나기로 납니다. 우리 나라 전국의 들판이나 농촌의 담장에서 흔히 자랍니다. 여러해살이 덩굴풀입니다. 가는 줄기가 다른 식물 줄기를 감고 올라갑니다. 땅 속 뿌리줄기가 사방으로 뻗어 나가며 꽃은 나팔꽃과 비슷합니다.

붉은색 메꽃

분홍색 메꽃

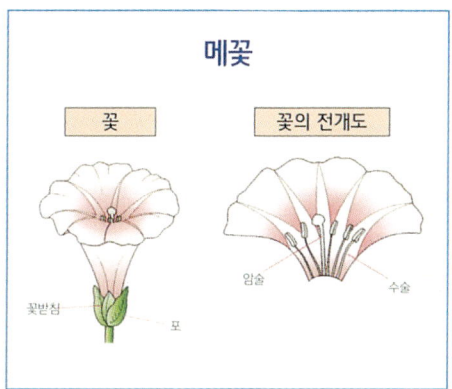

메꽃

| 꽃 | 꽃의 전개도 |

꽃받침, 모, 암술, 수술

꽃봉우리

둥근잎유홍초

질경이 [질경이과]

가까이 본 꽃

여러해살이풀. 풀밭이나 길가에서 10~50cm 자란다. 잎은 뿌리에서 뭉쳐나고 달걀 모양이다. 꽃은 6~8월에 흰색으로 피고 잎 사이에서 나온 꽃줄기 윗부분에 이삭처럼 빽빽이 달린다. 열매는 삭과이고 10월에 익으면 갈라져 뚜껑처럼 열리며 씨가 여러 개 있다. 어린잎을 먹는다.

익모초 [꿀풀과]

두해살이풀. 산과 들에서 키 1m 정도 자란다. 줄기에 흰 털이 나서 흰빛을 띤 녹색으로 보인다. 잎은 마주나고 뿌리에 달린 잎은 달걀 모양이며 줄기에 달린 잎은 3개로 갈라진다. 꽃은 7~8월에 연한 홍자색으로 피고 잎 겨드랑이에 여러 송이가 층층으로 달린다. 열매는 소견과이고 넓은 달걀 모양이며 9~10월에 익는다. 전체를 약재로 쓴다. 특히 옛날에는 여름을 지나 식욕이 없을 때 생즙을 짜서 식용으로 사용하였다.

달맞이꽃 [바늘꽃과]

곧게 자란 줄기에 난 가지 끝에 한 송이씩 달립니다. 노란색 꽃잎이 넉 장입니다. 6~9월에 꽃이 피고 뿌리에 나는 잎은 모여나기, 줄기에 나는 잎은 어긋나기로 납니다. 우리 나라 곳곳의 햇볕이 잘 드는 야산이나 들 아무 곳에서 잘 자랍니다. 가을에 잎이 나서 겨울을 난 후 이듬해 봄에 곧은 줄기가 자라는 두해살이풀입니다. 저녁에 꽃이 피어 밤을 지내고 아침에 시들어 버립니다. 뿌리는 인후염에 꽃은 몽유병에 씨는 동맥 경화에 쓰입니다.

분홍낮달맞이꽃

겹달맞이꽃

닭의장풀 [닭의장풀과] 달개비

한해살이풀. 길가나 풀밭, 냇가의 습지에서 키 15~50cm 자란다. 잎은 어긋나고 피침형이며 밑은 잎 집이 있다. 꽃은 7~8월에 하늘색으로 피고 꽃잎은 3장이며 잎 겨드랑이에서 나온 꽃줄기 끝에 달린다. 열매는 삭과이고 타원형이며 9~10월에 익는다. 어린 잎은 식용한다.

가까이 본 꽃

소리쟁이 [마디풀과]

여러해살이풀. 습지 근처에서 키 30~80cm 자란다. 줄기는 녹색 바탕에 자줏빛이 돌며 뿌리가 비대해진다. 잎은 어긋나고 타원형이며 가장자리는 물결 모양이다. 꽃은 연한 녹색이고 층층으로 달리지만 전체가 원뿔형으로 된다. 열매는 수과이고 갈색이며 8~9월에 여문다. 잎은 식용하고 뿌리는 약재로 쓴다.

가까이 본 꽃

잎

과꽃 [국화과]

줄기는 가지를 많이 치고 풀 전체에 흰 털이 많으며 꽃은 여름부터 초가을에 걸쳐 긴 꽃자루 끝에 하나씩 핍니다. 본래 꽃 색깔은 진한 보라색이었으나 품종 개량을 하여 여러 가지 꽃이 있습니다. 관상용으로 재배하며, 고원과 산지에서 키 30~100cm로 자랍니다. 또 집안 꽃밭에 심어 가꾸고 백두산에서 저절로 자라기도 합니다. 한해살이풀이며 꽃 색깔은 붉은색, 분홍색, 자주색 등이 있습니다. 긴 줄기 끝에 한송이씩 달리며 열매는 납작하고, 긴 타원형이며 털이 있습니다. 중국에서는 과꽃을 추금화라고 부릅니다.

겹꽃

봉우리

분홍꽃

자주색꽃

물레나물 [물레나물과]

여러해살이풀. 산기슭이나 물가에서 키 50~80cm 자란다. 잎은 마주나고 피침형이며 밑동이 줄기를 감싼다. 꽃은 6~8월에 노란색으로 피고 가지 끝에 1송이씩 위를 향해 달린다. 꽃잎은 5장이며 낫 모양이다. 열매는 삭과이고 달걀 모양이며 9~10월에 익는다. 어린잎을 나물로 먹는다.

가까이 본 꽃

솜다리 [국화과]

여러해살이풀. 높은 산 바위 틈에서 키 15~25cm 자라며 전체가 흰 솜털로 덮여 있다. 잎은 긴 피침형이며 잎자루가 거의 없다. 꽃은 6~8월에 노란색으로 피고 줄기 끝에 8~16송이가 모여 달린다. 열매는 수과이고 긴타원형이며 10월에 익는데 짧은 털이 빽빽하게 난다. 어린 잎을 식용한다.

가까이 본 꽃

왜솜다리

도라지꽃 [초롱꽃과]

잎은 어긋나고 긴 달걀 모양이며 가장자리에 톱니가 있습니다. 꽃은 끝이 벌어진 종 모양이며 7~8월에 보라색 또는 흰색으로 핍니다. 산과 들에서 자라며, 특히 햇빛이 잘 드는 곳이라면 어디에서나 잘 자랍니다. 식용으로 밭에 재배도 합니다. 여러해살이풀이며, 산과 들에서 키 40~100cm로 자랍니다. 줄기와 가지 끝에 한 송이씩 위로 향해 달립니다. 열매는 달걀 모양이며 9~10월에 익으며 뿌리를 먹고 약재로도 쓰입니다. 한방에서 길경이는 도라지를 말하며, 흰꽃이 핀 도라지를 백도라지라 합니다.

겹도라지

자주색 꽃

흰색 꽃

보라색 꽃

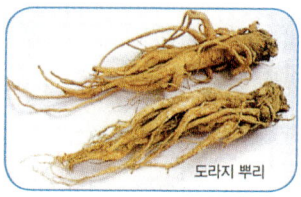
도라지 뿌리

꽃향유 [꿀풀과]

한해살이풀. 산과 들의 초원에 자란다. 원줄기는 네모지고 가지가 갈라지며, 잎은 달걀 모양으로 마주난다. 가을에 자주색의 작은 꽃이 한 쪽으로 치우쳐 빽빽이 핀다. 꽃은 8~9월에 연한 홍자색으로 피고, 원줄기나 가지 끝에 모여 한 쪽으로 치우쳐서 이삭 모양으로 달린다. 열매는 소견과이고 좁은 달걀 모양이며 10월에 익는다. 전체를 약재로 쓴다.

강아지풀 [벼과(화본과)]

한해살이풀. 길가나 들에서 키 20~70cm 자란다. 줄기는 모여 나고 마디가 다소 길며 작은 가지는 가시 같다. 잎은 긴 선형이며 밑 부분은 잎 집이 된다. 꽃은 연한 녹색 또는 자주색이며, 7~8월에 원기둥 모양의 꽃이삭을 이루고 자주색 털에 싸여 있다. 씨를 식용하고 뿌리를 약재로 쓴다.

열매

뚱딴지 [국화과]

여러해살이풀. 북아메리카가 원산지이며 키 1.5~3m 자라고 줄기에 억센 털이 있다. 잎은 마주 나거나 어긋나고 끝이 뾰족한 긴 타원형이며 가장자리에 톱니가 있다. 꽃은 8~10월에 노란색으로 피고, 줄기와 가지 끝에 1송이씩 달린다. 열매는 수과이고 덩이줄기를 식용한다.

뿌리

미모사 [콩과]

한해살이풀. 브라질이 원산지이며 키 30cm 정도 자라고 전체에 잔털과 가시가 있다. 잎은 어긋나고 긴 잎자루가 있으며 깃꼴겹잎이 손바닥 모양으로 배열한다. 꽃은 7~8월에 연한 붉은 색으로 피고 꽃줄기 끝에 빽빽하게 모여 공처럼 달린다. 열매는 협과이고 마디가 있으며 겉에 털이 있고 씨가 3개 들어 있다. 뿌리를 제외하고 약재로 쓴다.

미모사 잎의 관찰

보통 때의 잎

손가락으로 건드리면 잎이 이내 오므라 든다. 이것은 온도와 자극에 대해 나타내는 세포의 반응 때문이다.

개망초 [국화과]

두해살이풀. 북아메리카가 원산지이며 들이나 길가에서 키 30~100cm 자라고 전체에 털이 난다. 잎은 어긋나고 달걀 모양이며 가장자리에 드문드문 톱니가 있다. 꽃은 6~9월에 흰색으로 피고 가지와 줄기 끝에 여러 송이가 모여 달린다. 열매는 수과이고 8~9월에 익는다. 어린 잎을 식용한다.

가까이 본 꽃

망초

방동사니 [사초과(방동사니과)]

한해살이풀. 들이나 밭에서 키 20~60cm 자란다. 잎은 뿌리에서 나오고 꽃줄기에서는 어긋나며 선형이다. 꽃은 8~10월에 피고 잎 사이에서 나온 꽃줄기 끝에 잔꽃이 많이 모여 이삭 모양으로 달린다. 열매는 수과이고 달걀 모양이며 10~11월에 익는다. 줄기와 잎을 약재로 쓴다.

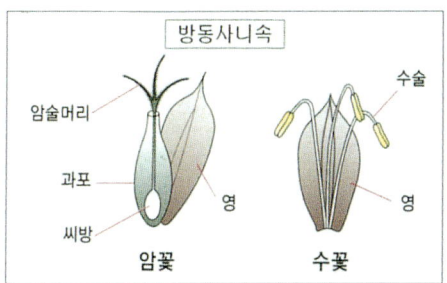

잔대 [초롱꽃과 (도라지)]

잎은 어긋나거나 돌려나고 타원형이며 가장자리에 겹 톱니가 있습니다. 꽃은 종 모양이며 7~9월에 자주색으로 피고 원줄기 끝에 여러 송이가 달립니다. 산에서 키 40~120cm로 자라며 전체적으로 잔털이 있습니다. 중부 이북부터 한라산까지 널리 분포되어 피어 있습니다. 강인한 식물로 토양이나 주위 환경을 가리지 않고 잘 자랍니다. 어린 잎과 뿌리를 식용으로하고, 뿌리는 약재로도 쓰입니다. 여러해살이 풀로 꽃받침에 잎이 달린 채 덜 익은 열매 모습이 술잔과 비슷하다고 하여 잔대라고 이름 붙었습니다.

꿩의비름 [돌나물과]

여러해살이풀. 산에서 키 30cm 정도 자란다. 줄기는 분처럼 흰빛을 띤다. 입은 마주나거나 어긋나고 긴 타원형이며 다육질이다. 꽃은 8~10월에 붉은 빛을 띤 흰 색으로 피고 원 줄기 끝에 많이 모여 달린다. 꽃잎은 5장이고 피침형이다. 열매는 골돌과이다.

꽃

산오이풀

꽃

오이풀 [장미과]

여러해살이풀. 산이나 들에서 1m 정도 자란다. 뿌리에서 난 잎은 깃꼴 겹잎이며 작은 잎은 타원형이고 가장자리에 톱니가 있다. 줄기에 난 잎은 어긋나고 작다. 꽃은 6~9월에 검붉은 색으로 피고 줄기 끝에 모여 달리는데 꽃잎이 없다. 열매는 수과이고 10월에 익는다. 뿌리를 약재로 쓴다.

큰오이풀

우산나물 [국화과]

잎은 2~3개씩 나는데 우산을 편 것과 비슷한 모양입니다. 성숙한 잎은 여러 갈래로 갈라집니다. 높이는 50~120cm 정도이고 어린 잎은 마치 찢어진 우산을 반 접어 놓은 듯한 모양이어서 붙여진 이름입니다. 깊은 산의 나무 밑 그늘에서 자라며, 봄과 가을에 포기를 나누어 증식시키고 9월에 종자를 채취하여 파종하면 됩니다. 꽃은 줄기 끝에 여러 송이가 여름에 피며 연분홍 또는 흰 색이고 씨는 10월에 영그는 여러해살이풀입니다. 해독의 효능을 가지고 있으며 식용 가능 합니다.

도깨비바늘 [국화과]

한해살이풀. 산과 들의 황무지에서 키 25~85cm 자란다. 잎은 마주 나고 깃꼴 겹잎이며, 갈래는 또는 긴타원형하고 끝이 뾰족하며 가장자리에 톱니가 있다. 꽃은 8~10월에 노란색으로 피고 줄기와 가지 끝에 1송이씩 달린다. 열매는 수과이고 좁은 선형이다. 어린 잎은 식용한다.

수크령 [벼과(화본과)]

여러해살이풀. 들의 양지쪽 길가에서 키 30~80cm 자란다. 잎은 긴 칼 모양이며 짧은 털이 약간 있다. 꽃은 8~9월에 검은 자주색으로 피고, 꽃줄기 끝에 꽃이삭이 원기둥 모양으로 달린다. 작은 이삭은 피침형이고 자주색 털이 빽빽이 난다. 9~10월에 결실한다.

패랭이꽃 [석죽과]

줄기는 한 뿌리에서 여러 개가 나와 곧게 자라고, 잎은 가늘고 긴 선형으로 마주 나며, 밑 부분이 합쳐져 원줄기를 둘러쌉니다. 산기슭의 풀밭이나 냇가 모래 땅이나, 어린이들이 뛰어놀기 좋은 나지막한 산에서 많이 자랍니다. 꽃은 6~8월에 진분홍 색으로 피고 가지 끝에 한 송이씩 달립니다. 열매는 꽃받침으로 싸여 있으며, 9~10월에 익는 여러해살이풀입니다. 줄기가 곧게 자라고 높이는 50cm쯤 되고, 버들잎 꼴이지요.

술패랭이

과학학습자료

식물의 특성

스스로 양분을 만든다.

동물의 영양 공급원이 된다.

스스로 이동하지 못한다.

살아 있는 한 계속 자라며, 수명이 길다.

식물의 분류

식 물

- 꽃이 피는 종자 식물
  - 겉씨 식물 
    - 소나무
  - 속씨 식물
    - 외떡잎 식물 
      - 수선화
    - 쌍떡잎 식물 
      - 진달래
- 꽃이 피지 않는 포자 식물
  - 엽록체가 없다 
    - 버섯
  - 엽록체가 있다 
    - 이끼

꽃의 역할과 구조

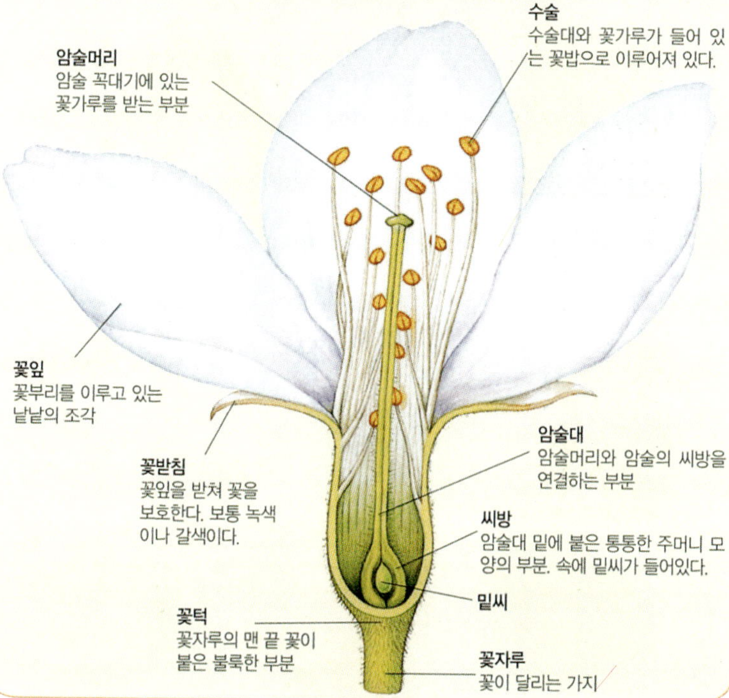

수술
수술대와 꽃가루가 들어 있는 꽃밥으로 이루어져 있다.

암술머리
암술 꼭대기에 있는 꽃가루를 받는 부분

꽃잎
꽃부리를 이루고 있는 낱낱의 조각

꽃받침
꽃잎을 받쳐 꽃을 보호한다. 보통 녹색이나 갈색이다.

암술대
암술머리와 암술의 씨방을 연결하는 부분

씨방
암술대 밑에 붙은 통통한 주머니 모양의 부분. 속에 밑씨가 들어있다.

밑씨

꽃턱
꽃자루의 맨 끝 꽃이 붙은 불룩한 부분

꽃자루
꽃이 달리는 가지

씨방의 위치

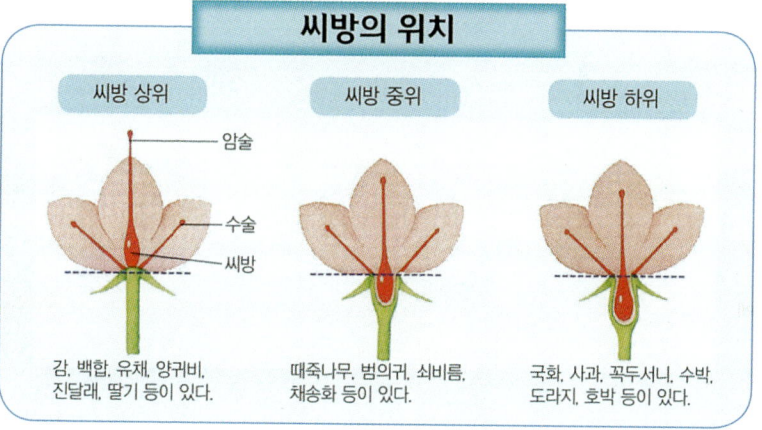

씨방 상위	씨방 중위	씨방 하위
감, 백합, 유채, 양귀비, 진달래, 딸기 등이 있다.	때죽나무, 범의귀, 쇠비름, 채송화 등이 있다.	국화, 사과, 꼭두서니, 수박, 도라지, 호박 등이 있다.

■ 잎맥의 종류

그물맥(쌍떡잎 식물)
잎맥이 그물 모양을 이루고 있다. 강낭콩, 도라지, 국화, 명화주

나란히맥(외떡잎 식물)
잎자루부터 잎몸의 끝까지 줄줄이 서로 나란히 있는 잎맥-벼, 강아지풀

■ 잎의 종류

홑잎(단잎)

한 잎자루에 한 장의 잎만 붙은 잎

갖춘잎
꽃잎, 꽃받침, 암술, 수술 등 모두 갖춘 꽃

안갖춘잎
꽃잎, 꽃받침, 암술, 수술 하나라도 안갖춘꽃

겹잎(복엽)

한 잎자루에 여러 장의 낱잎이 붙은 잎

깃꼴겹잎
결명자, 굴피나무, 할미꽃, 소철, 아카시아

2회 깃꼴겹잎
자귀나무, 실거리나무

손바닥 모양
풍접초, 쥐손이풀, 피마자, 단풍나무, 칠엽수, 여주

삼출옆
(3장의 작은 잎으로 된 겹잎)
딸기, 칡, 도둑놈의 갈 고리

잎의 모양

둥근 모양 개구리밥, 아욱, 연꽃, 자라풀, 접시꽃

타원형 개암나무, 인도고무나무, 꿩의비름, 사과나무

달걀 모양 목련, 분꽃, 비름, 수국, 옥잠화, 자리공

심장 모양 나팔꽃, 노루귀, 닭의장풀, 물옥잠

신장 모양 갯메꽃, 곰취, 머위, 바위취

바늘잎 소나무, 잣나무, 선인장, 노간주나무

피침형 갯버들, 대, 떡갈나무, 봉숭아

잎 차례

어긋나기 (호생) 무궁화, 금잔화, 나풀꽃, 과꽃, 느티나무, 벚나무

마주나기 (대생) 사철나무, 더덕, 미선나무, 백일홍

뭉쳐나기 (총생) 낙엽송, 실유카, 용설란, 우엉, 히야신스

뿌리나기 (근생) 민들레, 근대, 꽃다지, 노루귀, 배추, 제비꽃, 냉이

돌려나기 (윤생) 냉초, 돌나물, 삿갓나물, 소철, 인상, 좁쌀풀

식물의 특성

갈래꽃부리

입술 모양 – 완두   십자 모양 – 유채꽃   장미 모양 – 해당화   패랭이 모양 – 패랭이꽃

통꽃부리

종 모양 – 초롱꽃   깔때기 모양 – 나팔꽃   끝이 펴진 종 모양 – 도라지   항아리 모양 – 튤립

외떡잎 식물과 쌍떡잎식물의 비교

쌍떡잎 식물(쌍자엽)		외떡잎 식물(단자엽)	
	떡잎이 2장이고, 꽃잎, 꽃받침, 암술, 수술의 구별이 뚜렷하다.	떡잎이 1장이며, 꽃잎과 꽃받침 이 없고, 수술의 수는 암술의 수의 3의 배수이다.	
	잎맥은 그물눈 모양을 이루는 그물맥이며, 잎 자루가 있다.	잎은 대개 가늘고 길며, 나란히맥이다. 잎자루가 없다.	
	줄기 속의 관다발이 고리 모양으로 늘어서고, 형성층이 있어 굵기가 굵어진다.	줄기 속의 관다발이 흩어져 있고, 형성층이 없어 줄기가 굵어지지 않는다.	
	원뿌리와 곁뿌리가 있다. 강낭콩, 국화, 나팔꽃, 도라지, 민들레, 명아주, 비름, 봉숭아, 호박	원뿌리는 없고, 수염뿌리이다. 강아지풀, 나리, 대, 벼, 붓꽃, 수선화	

씨앗 퍼뜨리기

바람에 날려서
- 단풍나무
- 참마
- 소나무
- 민들레

동물의 몸에 붙어서
- 도둑놈의갈고리
- 쇠무릎
- 도꼬마리
- 도깨비바늘

스스로 터져서
- 봉숭아
- 제비꽃
- 이질풀
- 괭이밥

동물에게 먹혀서
- 머루
- 찔레
- 겨우살이
- 광나무

물 위에 떠서
- 야자
- 연꽃

밑으로 떨어져서
- 도토리
- 상수리
- 밤

식물 용어 풀이

감과 : 귤처럼 껍질이 가죽질인 열매
견과 : 호두처럼 수분이 없는 열매
경생엽 : 줄기에 난 잎
관목 : 떨기나무
괴경 : 덩이줄기
괴근 : 덩이뿌리
교목 : 큰 키 나무
구과 : 솔방울
근경 : 뿌리줄기
깃꼴겹잎 : 새의 깃 모양으로 생긴 겹잎
꽃부리 : 화관이라고 한다.
꽃자루 : 꽃을 달고 있는 자루
꽃덮이 : 화피라고도 한다.
꽃밥 : 약이라고도 한다.
늘푸른나무 : 상록수
덩이뿌리 : 고구마, 당근, 괴근
덩이줄기 : 감자처럼 뚱뚱해진 것 괴경
두과 : 꼬투기
무성아 : 살눈
민꽃식물 : 홀씨로 번식하는 식물
방패형 : 연잎 같은 것
복엽 : 겹잎
복외상 : 겹꽃나기
분과 : 씨방이 성숙하면 분리한다.
배상화서 : 술잔 꽃차례
삭과 : 튀는 열매(붓꽃속)

살눈 : 무성아(눈이 없는 것)
소수 : 작은 이삭
수과 : 껍질이 얇으며 씨앗과 분리되는 열매(해바라기)
선형 : 길이가 너비보다 길고 평행하며 좁은 모양
속씨식물 : 밑씨가 씨방에 둘러싸여 있는 식물.
쌍떡잎 식물 : 떡 잎이 2장인 식물.
심장형 : 염통 모양
약 : 꽃 밥.
안갖춘꽃 : 꽃잎, 꽃받침. 암술. 수술 중 어느 하나라도 갖추지 못한 꽃.
어긋나기 : 잎이 방향을 달리하여 어긋하는 것.
엽록소 : 엽록체에 들어 있는 녹색 색소
외떡잎 식물 : 떡잎이 1장인 식물
엽맥 : 잎의 그물망처럼 보이는 조직
엽병 : 잎자루
엽설 : 잎혀
엽신 : 잎몸
엽초 : 잎집
인경 : 비늘줄기
인엽 : 비늘 잎
잎맥 : 잎을 버티어 주고, 물과 양분의 통로가 된다.

- 잎살 : 엽록체를 품은 부드럽고 연한 세포 조직
- 잎자루 : 잎몸을 지탱하는 자루
- 자방 : 씨방
- 자엽 : 떡잎이나 씨에 양분을 저장하는 일
- 자웅동주 : 암수 한 그루
- 장상복엽 : 손바닥 모양 겹잎
- 전초 : 꽃, 잎, 줄기, 뿌리 등을 통틀은 풀의 포기.
- 주두 : 암술머리
- 주피 : 배주를 둘러싼 껍질
- 중성화 : 암술과 수술이 모두 없는 꽃
- 지하경 : 땅속 줄기
- 집과 : 목련과 같이 여러 열매가 모여 덩어리가 된 것
- 체관 : 물과 양분의 통로
- 총포 : 꽃차례 밑에 붙은 포
- 타원형잎 : 길이가 너비의 2배가 되는 길고 둥근 모양의 잎
- 탁엽 : 턱 잎
- 턱잎 : 입자루가 달리는 부근에 생기는 작은 잎. 어린 싹을 보호한다. 덩굴손이나 가시로 변하는 것도 있다. 쌍떡잎 식물에 많고 겉씨 식물에서는 볼 수 없다.
- 통꽃 : 꽃잎이 모두 붙어 있는 꽃
- 튀는 열매 : 삭과
- 폐쇄화 : 땅 속에 피는 꽃. 땅콩, 제비화
- 포 : 잎이 작아져서 그 형태가 보통의 잎과 달라진 것
- 표피 : 식물체의 표면을 덮은 한층 또는 여러 층의 조직. 겉껍질
- 피침형 : 창처럼 생겼으며 끝이 뾰족한 잎의 모양을 말한다.
- 합판화 : 꽃잎이 서로 붙어 있는 꽃
- 핵과 : 다육질의 껍질을 지닌 열매.
- 협과 : 꼬뚜리
- 호생 : 어긋나기
- 화경 : 꽃자루. 꽃줄기
- 화관 : 꽃부리
- 화분괴 : 꽃가루덩이
- 화사 : 수술대
- 화주 : 암술대
- 화탁 : 꽃턱
- 화피 : 꽃덮이
- 홀시 : 민꽃 식물의 생식 세포, 포자
- 홀잎 : 한 장의 잎으로 된 잎. 단잎
- 활엽수 : 잎이 넓은 나무

양서류, 포유류, 조류 찾아보기

이름	쪽
가중나무고치나방	38
강변길앞잡이	66
개구리	8
개똥지바퀴	24
개미	94
검은머리딱새	24
검은명주딱정벌레	67
검정날개재니등에	91
검정대모꽃등에	90
고추좀잠자리	44
곱추재주나방	39
광대노린재	71
구렁이	10
금테비단벌레	68
긴꼬리홍양진이	24
깃동잠자리	44
깝짝도요	19
깽깽매미	97
꼬까울새	20
꼬마쌍살벌	86
꽃등에	90
꾀꼬리	20
꿀벌	86
꿩	12
날개띠좀잠자리	44
남생이무당벌레	82
넓적사슴벌레	58
네점박이노린재	71
노란털재니등에	91
노랑나비	35
노랑띠하늘소	55
노랑말벌	86
노랑턱멧새	21
노랑할미새	18
누런얼룩등애	91
눈많은그늘나비	32
늦털매미	97
다람쥐	6
닻무리길앞잡이	66
달무리무당벌레	83
대모꽃등에	90
대벌레	79
도시처녀나비	32
독나방	39
독수리	14
독화살개구리	9
동애등에	91
두견이	22
두꺼비메뚜기	62
두눈박이쌍살벌	86
두더지	7
들꿩	13
들닭	13
등검은메뚜기	62
등검은쌍살벌	86
등검은쌍살벌	87
등줄실잠자리	47
딱다기	63
땅메뚜기	62
뜰길앞잡이	66
털발말똥가리	15
말매미	97
매사촌	22
먹그늘나비	32
멧노랑나비	35
멧팔랑나비	33
모대가리귀뚜라미	72
모메뚜기	62
모자주홍하늘소	54
무늬소주홍하늘소	55
무당벌레	82
무자치	10
물까마귀	18
물레새	21
물잠자리	47
물총새	18
밀잠자리	47
밑드리메뚜기	61
반딧불이	64
방아깨비	63
방울벌레	74
방울실잠자리	47
배추흰나비	34
배치네잠자리	47
뱀눈박각시	38
버들잎벌레	69
버들하늘소	55
벙어리뻐꾸기	22
베짱이	75
벼메뚜기	62
별상살벌	86
보라금풍뎅이	51
보라등비단벌레	68
보라색잎벌레	69
부채장수잠자리	46
부처사촌나비	32
북방보라금풍뎅이	51
북방풀노린재	71
분홍날개대벌레	**79**
분홍다리풀노린재	71
불나방	39
비단노린재	71
비단벌레	68
빌로드재니등에	91
뻐꾸기	22
뽕나무하늘소	55
뿔쇠똥구리	51
사마귀	78
사슴벌레	**56**
사슴풍뎅이	50
사향제비나비	31
산기앞잡이	66
산토끼	7
산호랑나비	29
삼하늘소	54
섬서구메뚜기	63

252

소나무비단벌레	68	**왕더듬이긴잎벌레**	69	청솔모	6
소쩍새	17	왕두꺼비	8	청실잠자리	47
솔나방	39	왕사마귀	78	청줄보라잎벌레	69
솔부엉이	17	왕새매	15	초록비단벌레	68
쇠측범잠자리	46	왕자팔랑나비	33	초원들꿩	13
수개미	95	왕잠자리	42	측범잠자리	46
수리부엉이	17	왕풍뎅이	51	칠성무당벌레	83
수중다리꽃등에	90	왜길앞잡이	66	칡부엉이	17
실잠자리	45	유지매미	97	콩중이	63
쌍덩나무노린재	71	율도하늘소	54	콩풍뎅이	51
쑥새	24	일개미	95	크낙새	23
쓰름매미	97	일벌	87	큰명주딱정벌레	67
아시아실잠자리	47	잠자리가지나	39	큰허리노린재	71
알락귀뚜라미	72	장수말벌	86	털두꺼비하늘소	55
알락풍뎅이	51	장수잠자리	42	톱사슴벌레	58
알락하늘소	55	장수풍뎅이	48	톱하늘소	54
양코스키딱정벌레	67	장수하늘소	52	파랑새	21
애기나방	39	제비나비	31	팔색조	20
애기얼굴나방	38	조흰뱀눈나비	32	팥중이	63
애기잠자리	44	좀매붙이	75	풀무치	60
애딱정벌레	67	좀사마귀	78	풀색명주딱정벌레	67
애매미	97	좀호박벌	87	하늘소	55
애사심벌레	58	종다리	21	하루살이	45
애호랑이	31	줄꽃등에	90	항라사마귀	78
어리대모꽃등에	90	**줄동애등에**	91	호랑나비	28
어리여치	75	줄점팔랑나비	33	홍단딱정벌레	67
어리장수잠자리	46	쥐	7	황조롱이	15
얼룩나방	38	지리산팔공나비	33	황철나무잎벌레	69
여름좀잠자리	44	찌르레기	20	후투티	21
여왕개미	95	참나무산누에나방	38	**흰꼬리독수리**	15
여치	75	참매	15	흰물떼새	19
오리나무잎벌레	69	참매미	96	흰올빼미	16
오색딱다구리	23	천남성개구리	9	흰점팔랑나비	33
옥색긴꼬리산누에나방	36	**철써기**	75	흰줄태극나방	39
올빼미	16	청딱다구리	23		
왕가외벌	87	청띠제비나비	31		
왕귀뚜라미	72				
왕꽃등에	90				

253

식물 찾아보기

※식물자료

가락지나물	166	달맞이꽃	220
가래나무	125	닭의장풀	222
강아지풀	231	담쟁이덩굴	138
개망초	234	당개지치	160
개별꽃	163	도깨비바늘	241
갯버들	120	도꼬마리	197
괭이밥	180	도라지꽃	228
고사리	142	둥굴레	179
골무꽃	189	떡갈나무	115
곰취	147	똥딴지	232
과꽃	224	매발톱꽃	167
광대나물	188	머루	124
구기자나무	123	머위	150
구름송이풀	177	메꽃	216
구상나무	132	명아주	204
금낭화	148	물레나물	226
금매화	173	미나리아재비	162
기린초	172	미류나무	117
까마중	184	미모사	233
꽃다지	156	민들레	144
꽃향유	230	바위취	202
꿀풀	161	박주가리	196
꿩의다리	207	밤나무	126
꿩의비름	238	방동사니	235
나리	168	뱀딸기	174
냉이	146	별꽃	157
노루귀	213	복수초	158
느티나무	106	복주머니난	211
다래나무	113	붓꽃	186
단풍나무	139	비름	205

뽕나무	112	작살나무	133
사철나무	137	잔대	236
산딸나무	110	잣나무	105
산수유나무	121	전나무	109
상수리나무	114	접시꽃	210
소나무	104	제비꽃	185
소리쟁이	223	조팝나무	136
솜다리	227	족도리풀	153
솜방망이	192	종덩굴	215
쇠뜨기	**181**	주목	111
쇠비름	193	진달래	118
수크령	242	진득찰	206
쑥	208	질경이	218
씀바귀	170	찔레나무	128
아까시나무	129	창포	194
애기나리	152	처녀치마	164
애기똥풀	214	천남성	209
앵초	154	초롱꽃	200
엉겅퀴	178	측백나무	107
얼레지	143	짚	212
오갈피나무	122	토끼풀	171
오이풀	239	패랭이꽃	243
우산나물	240	피나물	151
원추리	198	할미꽃	140
으아리	176	함박꽃나무	127
은방울꽃	182	해당화	134
은행나무	108	향나무	116
익모초	219	회양목	130
자귀나무	131		
자란	190		

255

자연이 숨쉬는 과학
체험 숲의 현장

판권
본사
소유

기획·편집 : 박 종 수
감　　　수 : 과학인재개발협회
교　　　열 : 류　훈
자 료 제 공 : 유아교실
펴 낸 이 : 정영희 외 1명
펴 낸 곳 : (유)한국영상문화사

서울시 영등포구 신길로 23길

전　화 : 02) 834-1806-7

전　송 : 02) 834-1802

등록 : 1991년 5월 3일(제2017-000109)

ISBN : 979-11-91953-07-7

정가 20,000원

※ 파본책은 교환 해 드립니다.
※ 판권은 본사 소유임.